AF247191

T.° 121.

INTRODUCTION

A LA THÉORIE

DES

ATTRACTIONS

ET

RÉPULSIONS VITALES,

(SYSTÈME DE L'ÉQUILIBRE.)

—

SECTION SECONDE.

—

PRATIQUE DIJONNAISE.

AUXONNE,

X.-T. SAUNIÉ, IMPRIMEUR-LIBRAIRE.

1838.

C'est le privilège de quiconque écrit, de juger les vivants et les morts.

VOLTAIRE

« A vous encore une fois beaux Parlementaires, à vous les dés et jouons sur la table, gros est l'enjeu, enjeu de millions. Comment ! comment, tous ensemble, tous contre moi, l'un après l'autre mes maîtres, je vous ferai tête, n'ayez souci, attention et pas de bruit, je joue contre vous la partie du peuple.

. . . .

» Pamphal si je t'ai pris pour compagnon, pour compagnon de guerre, c'est que tu t'es jeté seul et tête baissée dans le le feu de la bataille, c'est que tu presses hardi tuteur, la face et les flancs de nos ennemis, que tu ne crains ni leur nombre, ni leur audace, ni leurs cris, ni leurs vengeances, ni leurs embûches, ni leurs calomnies.

CORMENIN.

A MON AMI

BOUDOT,

COMME CITOYEN IL VÉCUT ;

COMME PHILOSOPHE IL MOURUT.

AVANT-PROPOS.

—

L'impression de ce pamphlet a été retardée par des circonstances que je dois produire à cette fraction du public dont je respecte l'opinion éclairée, l'opinion bienveillante pour les auteurs qui se sont frayé une carrière à travers des obstacles dont on se rendra difficilement compte.

Madame Brugnot finissait les dernières impressions de mon introduction à la théorie des attractions et répulsions vitales, lorsque l'on s'occupait d'organiser un cercle d'assurance mutuelle; lorsque le bruit circulait à Dijon d'établir une école secondaire. Les bases de ces institutions presque simultanément élevées, ne m'ayant pas paru en rapport, je pourrais même dire homogènes avec leur importante destination, je résolus de dresser encore la hache et contre les prétendans et contre la Camarailla protectrice.

C'est assez dire que j'eus l'idée d'un nouveau pamphlet. Oh! cette fois je voulus que ma pensée nageât sur un flot de sang! Oh! cette fois je résolus d'enchaîner l'infamie au char de la Victoire.

Voltigeant toujours, en éclaireur, autour du camp des furies, j'avais été témoin de leur sanglant banquet; de leur fortification, j'avais contemplé avec effroi les honteux préparatifs; le cœur bouillant d'indignation, je m'élançai à travers ces scènes d'horreur, et au milieu des morts et des mourans, je fis flotter le drapeau de la vérité.

On approuva la victoire, mais on blâma les chants de gloire, on triompha, on refusa l'impression du bulletin comme autrefois un journaliste, (M. Jules Pautet), s'étant opposé à son insertion, madame Brugnot appréhenda les foudres du docteur Clerton; M. Douillier

(6)

(1), celles de la Camarilla ; celles du collége médical ; enfin, d'après les conseils d'un ami, je m'adressai à un imprimeur d'Auxonne dont le bon sens lui fit comprendre que dans de telles discussions un imprimeur devait rester neutre, c'est-à-dire imprimer.

(1) Dijon, le 22 octobre 1837.

Monsieur le docteur,

Ainsi que j'ai eu l'honneur de vous le dire lorsque vous m'avez remis votre manuscrit, je l'ai parcouru, j'y ai remarqué de nombreuses personnalités, de violentes attaques dirigées contre des personnes honorables et des accusations graves qui peuvent compromettre l'imprimeur ou au moins le faire appeler en police correctionnelle.

Voulant éviter les désagrémens qui pourraient résulter pour moi de l'impression de cet écrit, je me vois par-là contraint à vous le renvoyer ci-joint.

Croyez, M. le docteur, au sincère regret que j'éprouve de ne pouvoir, dans cette circonstance, vous prêter mon ministère dont vous pourrez disposer dans tout autre cas.

J'ai l'honneur d'être, M. le docteur,

Votre très humble et très obéissant serviteur,

DOUILLIER.

Et qu'importe à M. Douillier des *personnalités nombreuses*, et qu'importe à M. Douillier des *attaques violentes*. Il est possible, ce dont je doute, qu'il considère toutes les personnes envers lesquelles j'ai dirigé des *accusations graves* comme étant *très honorables ;* mais ce n'est point mon opinion ; c'est parce que ma pensée diverge avec violence de celle qu'a exprimée M. l'Imprimeur Douillier, que je l'ai signalée, et signalée avec toute la puissance de mes convictions.

Un peu de pain pour celui qui a l'aim; un peu de
bois pour celui qui a froid; des promenades
bien ombragées, pavées d'un sable bien criblé
pour celui qui a du temps à dissiper; et à
tous et dans l'occasion un conseil, non de
docteur hommœopathe, non de docteur allopathe, mais de médecin : voilà les ressources
que doit procurer à toute citée toute administration municipale.

D. B.

Une Société nouvelle vient de s'organiser à Dijon; cette ré-
union d'hommes éclairés s'est constituée sous le titre de *Société
Dijonnaise d'Assurances mutuelles pour les cas de maladie et d'accident*.

Quel foyer de bienfaits! Protéger un citoyen contre la maladie et l'accident (et donnant plus d'extension aux talens mo-
destes des docteurs contre les maladies et accidens), c'est lui
offrir des ressources immenses dans le cours de sa vie : en effet,
quelle que soit sa position d'avenir, fût-il, dans son département, autorité suprême, il ne peut apprécier une faveur royale
qu'autant que ses organes jouissent de la plénitude d'équilibration de fonctions.

MM. les Sociétaires engagent tous les médecins à participer
à leur œuvre de philantropie; et cependant ils se réservent la
faculté d'élire par leur comité, au scrutin secret, les membres
du cercle médical qui ne doit se composer que de six membres.

(8)

Quelles seront les conditions de réception exigées par les membres de ce comité? Sur quelle considération s'appuiera la société elle-même pour le constituer? N'aperçoit-on pas à travers cette succession d'élections la chaîne de cette intrigue puissante qui a présidé aux élections de la garde nationale, aux élections des conseillers municipaux et départementaux, aux élections de ce fameux cercle médical, qui, dans le délire d'une fougueuse présomption, a publié le compte-rendu de ses travaux académiques? (Voyez nos pamphlets.)

Préalablement à toute nomination, à toute considération personnelle, il fallait discuter les garanties que pouvait offrir chaque méthode; et vous savez qu'à Dijon, indépendamment de l'éclectisme, indépendamment du Brousseïsme, indépendamment de l'homœopathie, méthodes qui toutes, dans l'Europe, jouent un rôle plus ou moins actif, il existe un nouveau système auquel on doit d'autant plus d'égards qu'il est organique, et qu'il a signalé ses succès là où d'épouvantables revers avaient marqué les traces de ses antagonistes; mais pour apprécier les lignes de démarcation, a-t-on dit, il faut être médecin (et médecin consciencieux et médecin éclairé, ajouterons-nous). Eh bien! c'est précisément parce qu'il faut être médecin, ou plutôt organisé médecin, pour juger chaque principe scientifique, que nous désapprouvons publiquement la nomination de votre comité.

De toutes les professions, celles qui réclament les connaissances les plus variées, les plus approfondies, ce sont assurément celle de jurisconsulte, celle de médecin.

L'avocat doit embrasser, dans le cours de ses études, tout le système de connaissances qui appartient à son époque. Comme Pline, il doit être chimiste, physicien, astronome, médecin, etc.; familier à toutes ces sciences, il doit posséder une mémoire puissante, un jugement rectiligne; par l'une de ces facultés de sa haute intelligence, il collecte; par l'autre, il harmonise les matériaux de sa défense.

C'est par un nouvel examen que les légistes qui se destinent au notariat justifient de leur capacité. Ne devrait-il pas y avoir une barre où les orateurs étalonneraient leurs facultés? N'est-ce pas un abus révoltant qu'un licencié fasse ses premières armes aux assises? qu'un jeune docteur débute quelquefois par une affection (1) où tout le collége doctoral a échoué?

____

(1) Aiguë ou chronique, quelle que soit l'affection, tout médecin qui débute devrait être accompagné, dans ses premières visites, de médecins éclairés qui le rectifieraient ou qu'il rectifierait lui-même, s'il jouissait, par son organisation, d'une puissance créatrice, propre à remplir une lacune immense dans les sciences.

(9)

Aux assises nous avons entendu un instant plaider un avocat, c'est-à-dire, un homme défendre la tête d'un autre homme contre l'accusation du corps social ; quelle théorie P*** a été établie par le collègue des Démosthène, des Hortensius ? Comment a-t-on fait ressortir, par la discussion, tout ce qu'il pouvait y avoir de contradictoire, d'invraisemblable dans l'acte d'accusation ? On sait qu'à ces mêmes assises, un président a été placé, par le talent indiscret d'un orateur de cette ville, dans la nécessité de faire comprendre à cet avocat qu'il plaidait en faveur de l'accusation.

L'académicien dijonnais qui traite M. le boucher Lemaire, n'a-t-il pas agi en faveur de la cause de l'affection ? n'a-t-il pas, en plaçant les sangsues, d'après la méthode de Broussais, favorisé le développement de la tumeur que porte à la joue son client ?

Des quatorze saignées qui ont été pratiquées aux bras herculéens de M. Durupt (le tonnelier), les nombreux paquets de l'hybride Laville de Laplaigne, n'ont-ils pas concouru à aggraver l'affection rhumatismale (1) ?

Le voyageur (M. Vitu) dont l'inflammation auriculaire a été traitée par la plus éclectique des combinaisons médicales, peut-il être partisan de l'éclectisme ? Lui, qui a beaucoup de bon sens, ne devait-il pas croire à la représentation d'une pantomime de tréteaux, lorsque le docteur Vallée lui conseillait les sangsues derrière les oreilles avec écoulement ultérieur, les saignées au bras, les grands bains. Ah docteur ! quel solécisme médical !

Licencié ou docteur, artiste ou littérateur, soyez maçon, si votre organisation ne vous permet pas d'être architecte. Le grand art d'un organisateur consiste à placer chaque citoyen dans le cercle de ses attributs organiques. Vous étiez alors, nobles orateurs, dans votre sphère, quand les murs du palais des assises vibraient de cette pompe d'éloquence dont l'égide tutélaire sauva la tête des accusés politiques de 1814.

Si j'ai établi un instant le point de contact d'hommes publics qui sont appelés, par leur profession, à rendre tant de services à la société, c'est qu'effectivement l'un et l'autre ont pour mandat la conservation de ses membres. L'orateur protège l'homme contre l'attaque de l'homme ; le médecin le protège contre l'attaque des puissances physiques : cette vérité doit être basée sur des faits ; et ces faits, nous devons, dans l'intérêt des sociétaires eux-mêmes, leur donner de la publicité.

---

(1) Nous rapporterons, dans notre essai sur la théorie des attractions et répulsions vitales plusieurs faits qui prouveront combien l'on triomphe facilement d'un rhumatisme lorsqu'on le combat par le système des attractions.

Si **MM.** les Sociétaires eussent pris en considération que toute affection aiguë, qu'elle soit traitée par les éclectiques, qu'elle soit traitée par les Brousséistes, qu'elle soit traitée par les homœopathes, passe à l'état chronique, et que, sur cent malades qui se présentent pour recevoir des consultations, il n'est pas la dixième partie qui offrent les symptômes d'une affection vierge de traitement, ils auraient alors modifié cette rédaction : *Tout candidat doit produire un certificat des médecins de la Société constatant qu'il n'est atteint d'aucune maladie chronique.*

Confiant dans la haute sagacité de vos médecins, vous vous en rapporterez à leur décision relativement à la fixation du stigmat constitutionnel. Hé ! messieurs les philantropes ! ne savez-vous pas que pour établir une division d'affection, que pour localiser une modification anormale, il faut être médecin organicien ; et pour être médecin organicien, il faut savoir lire dans le livre de la nature, en comprendre toutes les divisions, en délimiter toutes les sections ; étudier l'homme au milieu des causes incessantes qui frappent, altèrent ou paralysent ses organes ; assigner à chacune des lois qui régissent l'organisme, leur mode d'action. Favorisent-elles l'activité des rouages organiques, et, dans cette hypothèse, leur influence s'étend-elle à tous les balanciers, et dans leur pôle extérieur et dans leur pôle intérieur ? Attractive ou répulsive, leur impulsion est-elle normale ? est-elle anormale ? Répulsive et attractive sur le même pôle, répulsive sur l'un des pôles, attractive sur l'autre ?

Mais admettons, ce qui, dans l'instant, sera contesté par les faits, que **MM.** les docteurs en médecine et maîtres en chirurgie soient suffisamment observateurs éclairés, comme penseurs profonds, pour assister au lever de l'action agentielle ; pour délimiter les phases de ses résultats et voyons actuellement s'ils ont acquis, en éclaboussant, en renversant, écrasant les piétons, ce coup d'œil, qui est l'un des caractères saillans du médecin-praticien, et sans lequel on n'est qu'un flibustier èz-sciences.

——

D. Blagny à Monsieur Lépine, ancien chirurgien-major de la garde nationale, lieutenant des lanciers, membre de la Société de médecine de cette ville, membre du Conseil municipal, membre du cercle médical d'assurance mutuelle.

SALUT.

Vous parlerai-je de revers à vous qui êtes tout-puissant, à vous que la fortune favorise ? M. le maître de poste Lebachelier, M. l'huissier Beaudiot, M. Lambert, Mc Dany, M. le beau-frère de M. Blandin le ferblantier, Mademoiselle Lebachelier, etc., etc. ; tous ont terminé leur vie dans d'horribles tourmens; mais l'opinion publique est assise, et devant son trône je me prosterne pour admirer votre talent.

D. Blagny à M. Naigeon, major de la garde nationale, membre de l'académie de médecine de Dijon; ex-médecin de théâtre, professeur.   SALUT.

Votre collègue, M. Morland, l'apostat, étant tombé malade, abandonna à la nature ce qu'il pensait que l'art ne pouvait conserver.

Le vigneron de Couché ne s'aperçut-il pas que tout se nivelait sur cette terre, et le talent du docteur de l'ancienne capitale et le talent du docteur de Gevrey. A l'un comme à l'autre, Broussais avait appris sur les bancs de l'ancienne école que les phlegmasies cérébrales devaient être combattues par les applications de sangsues aux tempes, ou derrière les oreilles, ou à la région jugulaire, selon le bon plaisir de l'élève. Le principe n'étant pas tellement fixe, tellement organique qu'il ne pût recevoir de modification : *Undè transeat.*

Et sage-femme et docteur délivrent avec une égale habileté la femme en couches; mais s'il survient des accidens, telles que des pertes, telle qu'une inflammation, alors ils sont tous empiriques. Voulez-vous un fait? en voulez-vous un mille? Interrogez la liste mortuaire des journaux du département, et vous jugerez quel a tort de celui qui attaque ou de celui qui laisse développer une affection, quand bien même.

A la rue Jeannin, au fond d'un vaste corridor, nous fûmes appelés à voir une femme (Madame ***) qui était tourmentée de douleurs intolérables. Cette femme d'origine obscure ; et combien dans cette classe meurent dans leur lit de douleur et de désespoir? et le haut peuple de l'empire, comme celui de la royauté, ignore qu'ils ont vécu; et cependant c'est l'imitation qui leur a fait sonner la cloche du bourreau. On voit le carosse élégant d'un allopathe devant la porte d'un receveur général ; on s'informe, et à la prochaine affection, le docteur du receveur passera chez le maçon, comme la calèche de l'homœopathe, du notaire de l'ancien lion d'or, du directeur des assurances mutuelles chez le mesureur ; tout, dans cette cité, est imitation ; tout se passe à l'instar du puissant ; c'est lui qui trace le cours du torrent de l'opinion publique, et, malheureux peuple, ton aveuglement t'y précipite.

Cette femme à la suite d'un accouchement laborieux éprouva une douleur dans le trajet des nerfs cruraux et tibiaux, qui avait une certaine coïncidence avec une affection qui régnait dans la presque totalité de la poitrine. Une secousse violente, déterminée par une toux opiniâtre, tel était le principal caractère de l'inflammation pectorale, qui projetait quelques stigmates, à chaque réveil irritatif, sur les appareils des sens, sur le cerveau lui-même : lors de cette exubérance vitale la périphérie acquérait les traits de l'anormalité de fonction. Tous ces symptômes acquérant de jour en jour de la gravité, je fus appelé à lui donner des soins. De l'état de maigreur consomptive elle passa rapidement (trois semaines de traitement) à un embonpoint remarquable ; s'il est des incrédules, nous leur donnerons son adresse.

L'observation d'Ephraïm (1), celle du prote de madame Brugnot (M. Chaignet de Paris), de M⁰. de Viliers près Vitteaux, de la femme Petit du quartier de la préfecture, de M. Freumiot de Ruffey, de mademoiselle Louise de la rue Piron, de M. Clopin de Marlien et de sa dame....., du fils de M. Pidancé, du fils de M. Lebouché, de M***, du fils du maréchal de St-Julien et de tous les malades atteints, lors de l'invasion des épidémies d'Orgeux, de Cirey, ceux qui à la même époque furent également ment traités par la méthode des attractions à Telcey, à Binges, au Mazerois, à Magny-sur-Albauc, à St-Julien, à Clenay, à Brognon, à Ruffey, à Arceau, à Arcelot, à Beyre, peut convaincre MM. les docteurs et la tourbe stupide qui leur sert d'éclaireurs tant dans les campagnes que dans la ville protectrice du talent. M. Liotet de la ferme Lamblin, près Binges, sur la route de Gray, est atteint d'une affection analogue ; des applications de sangsues sur les régions intestinales, avec écoulement ultérieur, l'ouverture de la veine, des potions : tout est tenté, tout est employé par M. le médecin-dentiste (Tarnier), et tout avec insuccès, puisque la maladie a fait de tels progrès que l'on désespère du talent du docteur d'Arc-sur-Tille. Nonobstant la mort du rédacteur Carion, du fils du boulanger de la rue St-Pierre, du vigneron de Couché, du fils de la demoiselle de

(1) Ephraïm avait été traité dans plusieurs localités par excitans, par les déplétifs. M. James Demontry sait combien était intense son affection, combien a duré le traitement, et comment fonctionnaient les voies digestives après ce traitement ; M. Paris, qui fréquente le café des mille colonnes, a connaissance également de ce fait remarquable qui, plus tard, servira de base à une explication de pratique. Ephraïm ayant été traité chez M. Vitu, le docteur Vallée père doit également en être instruit. M. Chaignet, à Paris, fut soumis au même traitement : trois applications suffirent, chez lui, pour enlever une fièvre encephalo-gastrique des plus aiguës. Mademoiselle Louise quelquefois fut débilisée, quelquefois excitée par le même médecin. Madame Freumiot fut traitée par M. Guyot par des moyens analogues. M. Clopin et sa dame le furent par les stimulans intérieurs, par les débilitans et l'excitation extérieure dirigée d'après les vues de Broussais. M. Pidancé fils, et M. Dubié, par le quinquina, par M. le docteur Gruère. Stupidité des stupidités, le tout en toi n'est que stupidité. M. le docteur Gruère exerce actuellement l'allopathie dans ces deux maisons. Nous rendons

M. l'avoué Maunié, la réputation de M. Naigeon s'est maintenue à sa hauteur ; comme l'un des grands médecins de cette ville, le chirurgien-major est signalé à l'attention de la famille Liotet par Madame Forgeot « les momens sont pressans, la mort instante, M. le docteur hâtez-vous de partir ! des potions, la lancette ; tout est nécessaire : les médecins de campagne ont si peu d'instruction ; ils sont si maladroits, qu'en vérité vous arriverez trop tard » ; cependant tout est approuvé ; mais comme on veut conserver sa supériorité de docteur de la capitale, on se croit autorisé à penser qu'une application de sangsues au creux de l'estomac pourrait convenir ; mais deux mois d'inflammation chez un sujet jeune (trente ans), vigoureux (taille de cinq pieds six pouces) et bien proportionné ; et d'une inflammation non enrayée conduisent à la désorganisation ; mais deux mois d'inflammation conduisent à l'épanchement abdominal. Ces conséquences, vous deviez déjà les acquérir chez M. Carion, chez le conseiller Changarnier, chez M. Bornier. Quelle honte pour l'art que cette mort ! Combien ce malheureux a souffert ! Je me rappellerai toujours ces paroles exprimées avec l'accentuation d'un affreux désespoir : « Ils veulent me rassurer, moi qui ai tant vu de malades succomber à cette affection ! »

Il est donc bien puissant cet orgueil dominateur, que les larmes d'une famille éplorée, que les conseils incessans d'un homme éclairé par vingt années de recherches assidues, par une méditation de tous les momens, n'ont pu enchaîner !

En désespoir de cause, qu'avez-vous, M. Naigeon, employé? Quelle est cette substance qui a produit d'épouvantables vomissemens, des efforts qui jetèrent le malade dans un tel accablement qu'il ne pouvait plus se soutenir sur son lit?

A la campagne comme à la ville : à la ville comme à la campagne, le dernier des docteurs appelé est un phénix, que l'on révère comme un Dieu. Voyez ici M. le docteur Bazard ; c'est un Hyppocrate ; c'est la science incarnée ; c'est l'empyrisme couvert du manteau de l'art. M. le médecin de Beire (M. Fétaut), fut appelé comme médecin consultant par la famille Liotet, que prescrivit-il? le quinquina. En le conseillant, quelle confiance lui devait-il accorder ? Il se rappelle quel désastre a signalé son action à Arceau, aux Beyres, à Magny, et partout où il a fait ingérer ce poison.

d'ailleurs hommage à son talent ; car il porte le cachet du savant (les lunettes vertes), et les bonnes manières de l'homme du monde (il marche à quatre pattes). Cependant, il faut en convenir, dans quelle cervelle le génie a-t-il creusé son antre !

Le cœur bat d'indignation, l'ame s'agite de terreur quand, au mépris de son mandat, l'on voit l'homme de l'art trafique de la vie de ses semblables, mettre à l'enchère un père de famille! Quel contrat, messieurs les docteurs, avez-vous passé avec les médecins de campagne? M. Tarnier, il y a quinze jours, je vous vis à Arc-sur-Tille avec M. Naigeon ; huit jours ne se sont pas écoulés, que vous vous dirigez vers la pratique avec M. Lépine! Les attentions bienveillantes de vos collègues n'auraient-elles pas flatté votre palais? Au repas somptueux de M. le docteur Salgues n'auriez-vous pas souscrit pour deux de vos futurs malades choisis dans la classe aisée de votre clientelle? Vous le savez, M. le docteur aime le brillant, et l'éclat se soutient par la fortune des cliens. Il faut à M. le professeur des malades morts ou vivans, qui paient en outre de la chaise de poste dix louis (1).

Les rènes métalliques du docteur Sédillot, ses laquais décorés, ses tilburys, ses carosses, tout ce fatras d'une pratique insolente, en dernière analyse, tombe sur le client.

———

D. Blagny à Monsieur Salgue, médecin de l'hôpital, membre de l'académie de Dijon, du conseil de salubrité publique, professeur de la faculté de Dijon, auteur de trois productions minuscules. SALUT.

Voilà bien des titres à la gloire, acquis ou empruntés, qu'importe : l'important, sur ce monde terrestre, est d'endosser le manteau. On peut être docteur et n'être point médecin, avocat et n'être point orateur, jurisconsulte : cette anomalie s'introduit au barreau comme aux hôpitaux. Depuis long-temps il existe des académies, depuis long-temps on fait des réceptions d'académiciens dijonnais, et depuis combien d'années fabrique-t-on des thèses?... Et cependant, où est le progrès? Mais ne désespérons pas ; dans peu, grace à la philantropie éclairée de quelques citoyens, vous jouirez bientôt des bienfaits d'un cercle médical, de six membres électifs, c'est-à-dire, choisis; c'est-à-dire, supérieurs, comme nous le prouverons par les pièces justificatives.

Il vous a échappé (expression du docteur Salgues) cet hono-

(1) M. le docteur Salgue fut appelé à voir M. Benoît, père de l'avoué, qui venait de mourir à son arrivée. Combien, docteur? Dix louis, honorable client.

Les anciens avaient leurs jours *fas* et leurs jours *nefas*.

Quel fut le lien quand la lancette du docteur Naigeon, et sur le fils et sur la sœur tarirent la source de ta vie? O malheureux père! quel coup te porta ton aveugle destin. Trois fois sur l'horizon les heures marquèrent tes douleurs; trois fois les échos retentirent de tes gémissemens; et trois fois l'oracle fourbe avait menti.

rable client de Prunières; c'est dommage, car il était riche;
c'est dommage, car il appartenait à une nombreuse famille;
c'est dommage, car votre pourvoyeur a actuellement un con-
current qui est intéressé à exploiter cette défaite; et ce concur-
rent, vous le savez, a aussi son dictateur (M. Lépine); c'est-à-
dire qu'il assassine en partie double (1).

———

Le Mauvais Gueux, auteur de l'*Essai sur les lois de l'équilibre*,
de l'*Introduction à cet Essai*, *Application du principe des attractions correspondantes aux œuvres d'Hahnemann* (maladies
chroniques, organiques), *aux œuvres de Broussais* (propo-
sitions, examen, histoire des phlegmasies chroniques, leçons sur le choléra), œuvres *de Bouilland de Quin, du journal homœopathique, et y compris* (ce qui n'est pas le saut
périlleux) *aux œuvres du docteur Salgue*.

Pourquoi ometterions-nous ce qui est plus important pour
ce sexe, qui serait un peu plus aimable s'il avait un
peu plus de discernement, aux maladies de l'u-
terus du docteur Lisfranc, au concours de
clinique interne, au concours d'anatomie de la Faculté de Paris, à Monsieur Vallée, maître en chirurgie, membre archiviste
de la société de mé-
decine de Dijon.
SALUT.

Il y a, dans tous les états civilisés, deux classes d'hommes essentiellement distincts et par leur cachet physique et par leur
cachet moral; les uns élégans, sémillans, présomptueux, igno-
rans mêmes; reptiles de cour, la tête domine la société que le
cœur rampe encore aux pieds des plus vils courtisans; les autres,
fiers de leur conquête sur les préjugés, méprisent la tourbe insolente. Possédant la science, ils attendent la clientelle sans jamais briguer sa faveur.

Le père de la médecine, qui n'avait pas l'honneur d'être maître
en chirurgie, mais que la nature avait doué d'une de ces organi-
sations extraordinaires qui devancent leur époque de plusieurs

Il est un lieu de repos; là tous les mortels vivent en communauté. Allez,
insensés Dijonnais; et là vous y verrez deux tombes; sous ces tombes furent
ensevelies, le même jour, deux victimes qui naquirent, vécurent et moururent enfans d'un magistrat, d'un homme éclairé comme vous tous, ô mes ju-
dicieux compatriotes!

(1) Un médecin de campagne disait à un de ses cliens : « J'ai choisi depuis
la mort de M. Mercier (car lui aussi, qui pendant huit mois se laissa dés-
organiser, donnait des consultations), M. Lépine. » Vous l'avez choisi! et
qui vous en a donné le mandat?

siècles, Hyppocrate, dont les œuvres si souvent commentées, ont été si rarement comprises, a dit : « que l'expérience était difficile,» et depuis Hyppocrate on a pensé et dû penser comme lui. Aucun jalon ne signalant, aucun fanal n'éclairant la marche du praticien, il a dû s'égarer dans le sentier tortueux que les éclectiques battent. Depuis plus de trois mille ans on est encore aux notions théoriques, on est encore aux notions pratiques, on est encore aux résultats des anciens.

Les hyppocratistes ont saigné, les nosologistes, les brousséistes, les bouillandistes saignent, les homœopathes eux-mêmes saignent (voyez la pratique de l'hybride M. Laville de Laplaigne), et tous ils placent leurs sangsues sur les parties les plus rapprochées du foyer, favorisent l'écoulement jusqu'à syncope.

Ecclectiques et brousséistes et homœopathes saignent et placent les sangsues, parce que antérieurement on a saigné, parce que antérieurement on a placé des sangsues. Cela est tellement exact, que vous en avez fait usage après quarante années de pratique dans des indications absolument contradictoires, comme nous allons vous le prouver.

Un voyageur (inutile de le citer nominativement, la date est trop récente pour qu'elle se soit effacée de votre mémoire) est atteint d'une inflammation : vous êtes appelé à l'instant ; que conseillez-vous ? Des sangsues qui doivent être placées, et qui sont effectivement placées sur le cercle inflammatoire et dont on doit favoriser, par des lotions abondantes, l'écoulement, d'après cette indication sur laquelle votre patron Broussais a tant insisté. Vous savez qu'il en est résulté l'activité inflammatoire, l'accélération des douleurs : accélération qui a été successivement croissante et tellement alarmante, que votre sensibilité en a été émue ; cédant aux instances des parens, qu'avez-vous fait alors, et quel a été votre raisonnement ? car il faut savoir raisonner, être logicien, pour gratifier ses collègues d'épithètes aussi honorables. « Les sangsues ont irrité, » c'est ce que vous deviez savoir depuis long-temps. S'il est vrai qu'elles ont irrité, il est également vrai qu'elles ont, par leur écoulement ultérieur, affaibli. Mais qu'importe la faiblesse à un praticien qui a blanchi sous le harnais ?

La saignée du bras sera pratiquée ; et si elle détermine des accidens, la réputation de Broussais servira d'égide au téméraire qui affaiblira des organes déjà privées de réaction par le concours d'action d'un grand nombre de sangsues ; et à la faiblesse produite par l'écoulement oriculaire, et à la faiblesse déterminée par l'ouverture de la veine brachéale on ajoutera celle d'un grand bain.

A qui appartient cette chaise de poste qui, depuis six mois, est en croisière sur la place des Petits Arbres? N'est-elle pas destinée à distribuer à la bonne cité dijonnaise les faveurs scientifiques de l'académicien Vallée?

D. Blagny à Monsieur l'allopatho-homœopathe Laville de La-plaigne, docteur en médecine de la faculté de Paris, chimiste breveté du gouvernement, membre des sociétés académiques médicales de Nîmes et de Marseille, membre de la société centrale de Leipsick, de la société homœopathique gallicane.

SALUT.

Nous voilà, ou plutôt me voilà relancé dans l'arène où m'appelle le fracas de vos armes. Sur votre char de triomphe, brillant comme César, vous disparaissez aux regards du vulgaire comme le météore des nuits (étoile filante), le temps est rapide : dans sa course légère il laisse peu d'empreintes. Les larmes de la famille Galliac sècheront un jour ; le souvenir du jeune homme de la forêt s'effacera ; peu de personnes connaissent les antécédens de votre arrivée à Dijon ; combien en est-il dans votre phalange, qui aient connaissance de l'empoisonnement de vos trois cliens des environs de Charolles? Le public sait-il que vous traitez, depuis votre arrivée à Dijon, madame Bertaut, à laquelle vous faites espérer, pendant deux saisons de l'année, à la cure des deux suivantes? Quel était l'état où vous l'avez trouvée? quelle est sa situation organique actuelle? Dans la crainte d'erreur, soit simulée, soit réelle, je vais moi-même rétablir les précédens avec toute la véracité que me permettent et mes connaissances médicales et l'exactitude de cette espèce de mémoire que nos cronologistes appellent mémoire des faits, et tenez pour certain qu'elle est active chez le médecin campagnard (Expression d'académiciens dijonnais).

M. Lépine, qui est votre collègue, puisqu'il fait de l'allopathie, puisqu'il traite comme vous avez traité M. Galliac fils, comme vous avez traité M. Mousin fils, c'est-à-dire qu'il saigne ; c'est-à-dire qu'il place des sangsues d'après la méthode de Broussais (au centre fluxionnaire et avec écoulement ultérieur), M. Lépine, dis-je, avait long-temps donné des soins, long-temps il avait vu sa constitution s'affaiblir, se détériorer, menacer même d'une désorganisation, lorsque nous fûmes appelés à lui donner des soins.

Le jour même de notre arrivée, cette dame avait pris une moitié d'œuf cuit à la coque, qui fut expulsée en partie par les voies éliminatrices supérieures, et en partie par les inférieures. Des coliques violentes précédèrent et suivirent le travail de celles-ci.

2

Ces éjections décélaient, à n'en pas douter, une inflammation, et une inflammation extrêmement aiguë de l'estomac, que la banalité des moyens employés par notre collègue le conseiller n'avait fait qu'embraser ; pouvait-il en saisir les indications, lui qui ignorait et qui ignore qu'il existe une corrélation de tissus, une corrélation de propriétés, une corrélation de phénomènes normaux, une corrélation de phénomènes anormaux, et une corrélation incessante de tous les êtres, quelles que soient les conditions de vitalité avec les circonstances de milieu.

Après un mois de traitement par les attractifs, madame Bertaut digérait et digérait très bien tout aliment à quelque ordre qu'il appartint ; voilà un fait bien constaté, mais un fait qui est également constant et que nous devons à notre sincérité de publier, c'est que le sentiment de pesanteur qui existait et pendant la station et lors de la progression, n'apparaissait plus que lorsque la progression était soutenue.

Cette circonstance anormale que nous expliquons par l'inertie de la faculté élastique des cordons utérins (6), soit qu'il procède des efforts opérés par l'accoucheur sur la matrice, soit qu'il soit la conséquence unique de la pesanteur utérine lors de la gestation ; quoiqu'il en soit, il serait important de déterminer si cette destruction de la faculté élastique a lieu avec ou sans inflammation.

Désirant de hâter la cure des cordons (madame Bertaut crut par induction de la guérison des phlegmasies stomacale et utérine, conclure à ceux-ci), M. Mercier d'abord fut appelé ; la position horizontale, les cautères d'après Lisfrand furent conseillés et adoptés. Ces cautères nombreux, profonds, à larges bases, placés dans des indications contraires, fatiguèrent la malade, amaigrirent les organes. C'est dans de telles circonstances organiques que l'hybride médical (qui participe de la nature homœopathique et allopathique) Laville de Laplaigne fut appelé. Les cautères étant supprimés, la position horizontale continuée, la santé s'amande un peu ; il est vrai qu'on donna quelques poudres, que l'homœopathe, d'après notre invitation, nous fera connaître.

Maintenant, oserons-nous vous demander si vous considérez les traitemens de madame Bertaut comme un triomphe de l'hahnemanisme ? Oui, comme celui du mesureur ; oui, comme celui du petit de la porte d'Ouche ; oui, comme celui de vos trois

---

(6) Cordons destinés à favoriser le développement comme le retrait de la matrice, soit à l'époque de la gestation, soit pendant l'état de vacuité, soit lorsqu'il existe inflammation. L'époque mensuelle n'est qu'une circonstance d'intermittence. (Pour le peuple).

compatriotes ; oui, comme celui de M. Durupt ; oui, comme celui de M. Curat, oui, comme celui de madame Goisset, etc.

Ce traitement, M. Laville, l'emporte-t-il sur celui des allopathes et surtout sur celui déduit de la théorie des attractions et répulsions vitales (système de l'équilibre). Nous répondrons, pour vous, par la négative avec d'autres faits.

Dans la lutte que j'ai provoquée, vous avez toujours adopté la tactique du Numide ; c'est en fuyant que vous combattez, et que vous combattrez tant que le terrain vous sera propice ; tant que la crédulité dijonnaise sera alléchée par cet ignoble charlatanisme qui a dégradé et dégradera long-temps l'art.

Souvent j'ai évité d'être écrasé par les roues d'une calèche plus rapide que l'arabe qui fend le désert ; je sors cependant rarement. Parbleu, me répondra le directeur des séminaires, notre ami a tant de malades ; vous ignorez donc les progrès que l'admirable homœopathie a fait à Dijon ? Mais l'homœopathie peut être une fort bonne chose pour de certaines bonnes gens ; ce que je ne crois pas ; M. Laville un savant très philantrope qui épanche tous ses instans au malheureux, ce dont je doute encore ; mais, comme citoyen, qu'il respecte un peu les pieds des piétons ; si sa fortune est dans sa tête, la leur est dans leurs bras et leurs jambes. Comment, docteur, pouvez-vous accuser notre ami, notre excellent républicain Laville, lui qui fait ses visites gratuites ? lui qui fait flairer ses bocaux, ingérer ses poudres avec une philantropie vraiment édifiante ? mais comment, lui républicain ? mais il est l'ami de M. le séminariste Roux, et il serait le vôtre aussi, M. James. Ah vraiment, vous jouez avec le burlesque. Vous qui faites l'apologie politique de la calèche, des limousines, du cocher, du laquais, de la bonne, de la cuisinière, du secrétaire, de la bonne chère, du logement de quinze cents francs, hé ! ne faut-il pas qu'il vive ? Notre professeur, notre académicien, notre membre de l'assurance mutuelle, notre ex-chirurgien major, notre lieutenant-colonel Paris, le cumuleur des cumuleurs a également cabriolet ; il a à son service également cocher, cuisinière, bonne, écurie, remise, etc., etc., et ne faut-il pas que cet honorable représente ? le pain ! le pain ! mon cher, avant tout. Oui, pour soi ; oui, pour ses malades ; et de quelle nécessité ce cocher, ce laquais, cette bonne, cette femme de chambre, ce secrétaire ? Tout cela vit, comme le rat (Voyez le feuilleton du journal *Le Peuple*, du 7 décembre.), de la substance du pauvre ; tout cela est arraché à l'agriculture qui a besoin de bras ; à l'agriculture qui languit faute de bras ; et tu fais payer, respectable gouvernement, une patente au médecin qui n'a pas un seul malade qui puisse exhiber, et pas une loi somptuaire pour tous ces hommes de luxe, pour tous ces chancres qui gangrennent la société !

Un instant de patience, et nous nous hâtons de terminer ces réflexions.

M. Mouzin a dit dans son mémoire que le principal mode d'administration homœopathique consistait à flairer un bocal ; mais s'il existe une irritation au pharinx ou au larinx, que ces surfaces soient enflammées, engorgées, qu'il y ait suffocation éminente comme nous l'avons observé chez plusieurs malades, est-ce le cas de se confier à l'homœopathie ? Une phlegmasie cérébrale apparait : elle menace d'un épanchement, aura-t-on encore recours, dans cette circonstance morbide, à l'homœopathie ? Un violent épanchement de la lymphe s'étend dans tout le tissu cellulaire, le malade ne peut résister à ce qu'il appelle des écoulemens, ferez-vous encore, Laville, flairer ? Les palpitations se déclarent, le sang bouillonne, ferez-vous toujours flairer ?

Ce n'était pas sur ce terrain que Laville avait placé sa discussion. L'homœopathe est trop homme du monde pour agir avec si peu de discrétion. En possession de la pratique hahnemannique, il savait très bien qu'il tirerait un meilleur parti de l'acquisition des cent cinquante bocaux, et que s'ils lui coûtaient cent francs, ils lui rapporteraient bien vingt mille francs en les plaçant à intérêts homœopathiques, surtout en faisant mousser ses drogues par sa camarilla, tout en donnant ses consultations gratuites. Nous avons vu de ces homœopathes qui établissent leur pharmacie sur les trétaux des places publiques ; ceux-ci aussi vendant leur excellent, leur unique spécifique , et font grace de leurs conseils. Et il faut bien que cuisinière, bonne, cocher, laquais, secrétaire, femme, enfans, boules-dogues, limousines, tout pâture dans le champ homœopathique, et s'il ne produisait, comme M. P. M. le dit, que dix mille francs, il y aurait disette, et tous les colons seraient exposés à une épouvantable famine.

Si quelque mauvais esprit vous cherche querelle, observez le camp ennemi.

Si ces attaques sont grossières, triviales, usez en comme vous en avez usé envers M. Vallée fils ; soyez impitoyable, écrasez-moi sous les laves de votre courroux ; mais si l'attaque vous paraît flanquée d'argumens logiques, oh ! alors soyez prudens ; comme vos confrères allopathes, conservez le silence, quelque pressante que soit l'agression : Vous vous rappellerez alors leur défaite insérée dans nos réponses adressées au crieur public.

Encore une objection que vous nous pardonnerez en faveur de l'absurdité de votre méthode.

Pourquoi le nombre des fioles s'élève-t-il à cent cinquante ? Pourquoi le nombre des bulles à sept cents ? C'est probablement parce que l'organisme est susceptible d'être envahi par cent cinquante maladies, et que chaque maladie exige sept cents bulles de la substance ad hoc pour obtenir scission avec l'organisme.

Mais la mise en cause de chacun des perturbateurs de l'organisme que vous admettez être de cent cinquante, doit s'opérer sur le théâtre des expansions érectrices nasales, ce qui suppose que vos cent cinquante affections ont toutes leur siége aux fosses nasales ; cependant quelques homœopathes, et vous-même vous vous permettez de déposer l'action sur la langue, et vous savez, comme anatomiste, qu'une des membranes est l'origine d'un canal spécial, l'autre d'un canal commun.

Quand l'on examine en physiologiste, en thérapeutiste l'idée d'Hahnemann, on s'aperçoit facilement que pour professer cette théorie il faut être ou fou ou idéal, je ne voudrais pas me placer davantage dans une hypothèse que dans l'autre.

Vous savez qu'au psore correspond le soufre, le charbon de terre, etc., etc.

Qu'à la syphilis correspond le mercure, le mercure corrosif, etc., etc.

Qu'à la......... correspond le tuya orientalis. C'est déjà bien assez de cette énumération ! La dialectique s'offensera de cette inconséquence.

M. Laville, soit qu'il ait mal interprété les caractères d'ailleurs anti-mathématiquement établis de cette dernière maladie, ou qu'il ait cru devoir la considérer comme sœur de la syphilis (et il faut convenir que ses confrères se donnent, dans l'exercice de leurs fonctions, les coudées franches), et comme appartenant à une origine analogue, devoir être alimentée de la même substance, il lui a donné, dans les derniers momens, une fiole, sur laquelle nous lisons actuellement : merc. corrosif. Cette contrefaçon n'est pas la seule que nous ayons remarqué lors du traitement homœopathique, avec le principe imisper hahnemanne, tandis que l'on déposait sur la langue le tuya ; tandis que l'on y déposait le mercure corrosif, on enveloppait la partie affectée (1).

Eh ! bien, M. Laville de Laplaigne, vous professez des opinions républicaines, et vous êtes hybridiste, et vous présidez aux funérailles des harpies dans le temple du divin Esculape.

Seconde contrefaçon. Vous avez dit dans votre rapport, ma mémoire est fidèle : « Mais c'est précisément à l'exiguïté de ces moyens que commence le merveilleux. » Que n'avez vous dit : Le ridicule, l'absurde ? Alors vous eussiez été dialecticien, et alors la raison publique vous eût compris.

(1) Les choux-fleurs couvraient tout le gland qui avait huit pouces de circonférence, lorsque nous commençâmes à le soumettre à la méthode des attractions correspondantes et répulsions directes. En six semaines nous avons obtenu une dépression totale.

Laville de Laplaigne, pour nous servir de son expression favorite, n'a-t-il pas ri dans sa barbe lorsqu'il a lu dans votre mémoire ces préceptes sévères qu'on ne peut transgresser sans être faussaire , et comme tel , coupable de lèze-humanité , et comme tel réclamant la vindicte publique, et comme tel devoir porter sa tête sur l'échafaud.

Et cette fiole de tuya hermétiquement bouchée, et cette fiole de mercure sublimé également hermétiquement bouchée, qui, d'après M. Ph. Mouzin, contenait des globules de sucre, lesquels sont imbibés d'esprit-de-vin aient été et préalablement chargés du principe médical.

Il y a donc dans une boîte plus de cent mille globules dont, en beaucoup de circonstances, un seul forme la dose. Hé bien ! quelle mystification de principe, quelle mystification de confiance, les quatorze cents globules sont avalés et non flairés en moins d'un mois.

Quoique le docteur Laville ait donné des soins à plus de mille personnes , il est difficile de supposer qu'il ait pu leur administrer cent mille globules.

Ah ! oui, cela serait difficile, si, ponctuellement, votre protégé eût mis la main sur sa conscience dans l'exercice de ses fonctions. Ah ! oui, s'il eût embrassé l'homœopathie avec conviction. Ah ! oui, si on ignorait que tantôt il cultive l'allopathie tantôt l'homœopathie. Le docteur de Charolles pense probablement qu'on récolte davantage quand l'on cultive deux propriétés, qu'une seule, ou du moins on a plus de chances de succès ; et probablement qu'il raisonnait dans cette hypothèse, lorsqu'il traitait votre fils, M. Galliac, le lampiste par les saignées, par les agens allopathes, tandis qu'à d'autres il faisait déguster ses non-pareilles. Le chiffre de M. Laville de Laplaigne ne serait-il pas, comme le système, exagéré ? et d'ailleurs, qu'est-ce que cela peut prouver en matière de discussion ? qu'il y a mille imbéciles tant à Dijon que dans les campagnes, et en portant le nombre des sots à mille, on ne me taxera pas d'exagéré.

Je suis dialecticien, et comme dialecticien, tout ce qui s'écarte du principe est pour moi charlatanisme, et vous savez combien le charlatanisme a de bouches : renommée industrielle, renommée avocassière, renommée homœopathique, renommée allopathique, tout, ici, a sa trompette ; tout, ici, a ses prôneurs, et de bien singuliers prôneurs ; surtout lorsque l'on sait que dans un grand nombre de cas, les médecins homœopathes se bornent à faire respirer aux malades les globules médicaux, ce qui en rend la consommation absolument nulle. Ou le principe homœopatique est vrai, alors il est organique, et comme tel applicable à tous les cas : si vous conseillez l'évaporation du bocal, l'absorption nasale dans certains cas , vous devez l'admettre dans la généralité et sans exception aucune.

Il paraît que vous accordez une belle ame au néophyte Laville.

En supposant toutefois que, dans quinze mois, le docteur Laville ait pu employer une boîte homœopathique tout entière, et qu'il dut indemniser les praticiens de Dijon, du bénéfice qu'ils auraient pu faire en lui fournissant, il faudrait apprécier ce qu'il y a de profit sur le prix de cent francs, qui est celui d'une pharmacie homœopathique, composée de cent cinquante petits flacons, munis de bouchons soigneusement étiquetés « ce n'est pas le bouchon qui est étiqueté » pour distinguer les drogues il faudrait avoir dans les yeux la sagacité d'un microscope « renfermés dans une élégante boîte à compartimens, recouverte de maroquin. »

« MM. les apothicaires auraient-ils pu gagner dix mille francs sur la vente d'un objet que tout le monde peut se procurer pour cent francs, quelqu'idée que l'on pût se faire jusqu'à ce jour de leurs bénéfices. »

Il est certain que les pharmaciens, en général, font un bénéfice révoltant ; il est certain que la médecine pharmaceutique, homœopathique ou allopathique est une des trois harpies sociales. Le pharmacien qui ne fait qu'un bénéfice de dix mille francs est modeste dans ses goûts ; nous en connaissons, vous en connaissez, conjugons ; les malades en connaissent qui présentent des mémoires de cent francs à leur client, et quelques-uns s'élèvent bien au-delà ; et moi je vous assure qu'ils ne calomnient point. Mais, faisons une application ; voyez, c'est peut-être mon défaut. Il faut que chaque précepte ait son exemple, que je considère, dans la discussion, comme un licteur qui prépare la marche de la pensée, et M. Laville se révolterait à juste titre si je ne le personnifiais ; lui-même, en reprochant à M. V. L. l'étuniomil, a offert sa pratique à mes tranchans.

Le beau idéal de l'art fonctionnant (qu'on m'accorde cette expression) c'est l'originalité du principe progressif ; du principe progressif scientifique, allié au principe progressif moral. Honneur au praticien qui accorde le pain au malheureux auquel il a donné la vie ; honneur au praticien qui a su faire le sacrifice des jouissances du monde à l'homme souffrant ; honneur à celui qui lui a voué ses veilles , son existence , la sueur de ses pères ! Celui-là seul mérite ma considération. Homœopathe, allopathe ! votre ame s'est-elle quelquefois ouverte à ces bruyantes émotions qui font craquer le cœur ? Oh ! non, il y a trop de tyrannie dans votre égoïsme : que l'humanité périsse, si mon orgueil est sauvé, que m'importe ce vain nom : les mortels sont nés pour les mortels ; exploiter la société en homme du monde, voilà tout l'art, mais l'art des flibustiers. A propos de flibustiers, parlons d'homœopathie et d'allopathie ; et à propos d'homœopathie et d'allopathie, parlons du cumuleur.

A l'évidence que l'ordre des médicamens qu'emploient les homœopathes ait en général en elle-même une puissance d'activité suffisante pour produire sur l'organisme tout le degré de modification que peut désirer le praticien ; c'est ce dont l'on se convaincra facilement, si l'on consulte tous les ouvrages qui ont trait aux empoisonnemens ; et nierez-vous, Monsieur, que l'arsenal d'un hahnemanniste est celui d'un brinvilléiste ? Nierez-vous, vous qui avez prêté l'appui de votre talent au docteur Laville, que les homœopathes instillent, dans la génération actuelle, un venin qui portera ses fruits dans les générations suivantes ? Nierez-vous, vous qui avez fait une étude approfondie de l'hahnemannisme, qui avez traduit des ouvrages d'homœopathie, que cette science, absurde de principe, est absurde de pratique ?

Absurde de principe, puisqu'elle conseille d'expérimenter sur des personnes bien portantes et de conclure conséquemment des phénomènes observés à l'état normal à ceux déduits de l'état anormal.

Hé bien ! M. le prosélyte, moi qui ai beaucoup moins de jactance que votre collègue en hahnemannisme, et cependant plus de travail, plus d'acquis, même en homœopathie ; comme vous pouvez en acquérir la preuve si vous voulez avoir la bonté de comparer mes ouvrages sur l'homœopathie à ce qu'a écrit M. Laville. J'ai fait des expériences sur les animaux dont les organes étaient à l'état sain ; j'ai répété ces mêmes expériences sur des animaux de même espèce à l'état anormal et je suis arrivé, comme la raison me l'indiquait, à des résultats différens. M. Laville, qui a employé le quinquina et toutes les drogues allopathiques, a-t-il obtenu le même résultat en les employant sur des organes divers et diversement affectés, l'expérience ne lui a-t-elle.....

Votre conclusion n'est pas logique. L'homœopathe n'employant que des médicamens susceptibles de produire des maux semblables à ceux déjà existans, ne doit, par cette raison, les administrer qu'à des doses très faibles et suffisantes seulement, d'après la théorie homœopathique, pour provoquer la réaction de la force vitale.

Cette assertion est contestable et très contestable. En effet, si nous consultons la pratique de M. Laville de Laplaigne, elle nous apprend que la matrone de Bon-Secours est fort indulgente pour ses apôtres; le propagandiste dijonnais a traité pendant six mois un malade affecté de cette modification organique que le prophète a placé dans l'une des trois sections qui constituent les maladies chroniques.

Maintenant jetons un coup d'œil sur les chefs de la discussion qui s'est engagée dans le journal de la Côte-d'Or; là sailliront des contradictions; là, le présent sera en dissidence avec le passé.

À tout seigneur, tout honneur; telle est la thèse de l'homœopathiste; celui-là est bien seigneur, et seigneur bien parvenu, qui a assez d'impudence pour sillonner la ville dans une calèche attelée de deux limousins, et à laquelle cocher et laquais ont été asservis. Celui-là est bien seigneur, qui, en échelonnant le charlatanisme sur les divers degrés de l'échelle sociale, s'est élevé d'un logement de cent écus à un logement de deux mille francs. Celui-là est bien seigneur, qui vit splendidement des faveurs du bon sens infinitésimalisé; à lui tout honneur, car la cité des Guiton-Morveau a subi les lois du prophète; à lui tout honneur; à lui le cortége d'un seigneur et d'un grand seigneur; calèche, secrétaire, cocher, laquais, cuisinière, bonne, femme de charge.

À lui tout honneur, car il affirme que pour critiquer il faut être exempt de critique, et, usant métriquement de cette prérogative, il accorde à M. Vallée fils, l'honorable épithète de charlatan. Combattant l'allopathie comme l'homœopathie, je ne dois me déclarer en faveur d'aucun des champions; cependant je dois à la vérité de dire que le docteur Vallée est beaucoup moins charlatan; il a, à la vérité, une mise élégante, il se permet même les manchettes, il a peu de conviction dans ses opinions médicales, et peut-il en avoir? Mais il n'a pas, à l'instar de l'homœopathe, fait une apostasie, qui a été signalée dans la société par d'épouvantables catastrophes; catastrophes qui ont soulevé, dans les environs de Charolles, la tempête publique sur le front audacieux de l'hahnemannisme. Après cette défaite, aurait-il porté le camp homœopathique sur une province limitrophe? Bouillant d'audace, aurait-il placé ses affiches, organisé sa phalange? Oh! non, le docteur Vallée a assez d'humanité pour ne pas allier le poison homœopathique au poison allopathique.

Ah! vous étiez loin de penser, lorsque vous dictiez ces lignes à votre secrétaire, qu'un jour un pamphlétaire viendrait, de ses griffes satiriques, déchirer l'œuvre que vous confiez à la bienveillance stupide de vos chefs de file.

M. Laville de Laplaigne, quelle supériorité croyez-vous avoir sur M. Vallée fils, pour lui dire : Vous n'avez pas osé me jeter directement le gant? Si c'est une supériorité de spadassin, je vous le déclare, je ne suis pas compétent ; mais si c'est une supériorité de science, je vous le déclare, je suis compétent ; et vous le savez vous même, car vous aussi vous n'avez pas osé m'attaquer directement ; vous aussi, étant provoqué, vous avez refusé de paraître sur la brèche homœopathique ; profitant de mon absence, vous avez dressé les tentes de l'hahnemannisme sur le terrain de la science, et aux premiers rayons qu'a projeté le météore de l'équilibre, vous avez disparu, enveloppant l'allopathie du manteau homœopathique.

Brave comme César devant Pompée, vous faites observer à votre rival de gloire ; « vous n'avez pas voulu vous lancer sur un terrain trop au-dessus de vos forces ; vous avez craint de faire connaître au public que vous critiquiez une méthode que vous n'avez jamais apprise ; vous avez craint que ce public éclairé par l'expérience et les résultats ne vous adressât les reproches mérités par tous les médecins qui se refusent d'étudier le doctrine homœopathique en vous déclarant, sur le fait, coupable de lèze-humanité. »

Coupable de lèze-humanité! et c'est vous, docteur Laville, qui vous permettez une telle accusation ! vous que les remords agitent, vous que les furies poursuivent ; tout sentiment d'humanité, tout sentiment de pudeur est donc éteint dans le cœur des prosélytes? Parle, vieillard ! tu étais altéré de gloire ; dis · nous, pour boire à sa coupe, combien de cadavres tu as foulé aux pieds ! Ils étaient altérés d'honneur, d'or ; de combien de combien de cadavres ils ont dépeuplé la société pour s'en gorger? Les connaissiez-vous bien, alors que vous empoisonniez trois de vos cliens, près de Charolles? Etiez-vous vous-même au niveau du terrain, lorsque vous injectiez dans les veines du jeune homme de la forêt des poisons renfermés dans l'un de vos cent cinquante bocaux? Plus impudent que votre collègue, vous jetez aux yeux du public ce que vous ne possédez point : moi qui connaît mieux l'allopathie dans toutes ses branches que vos adversaires ; moi qui connaît l'homœopathie, qui l'ai mieux mieux comprise que vous-même, M. le phraséologiste, je vous mettrai en rapport avec le principe indiqué par votre maître ; car, Monsieur, vous parlez bien haut, vos menaces sont bien pédantesques ; votre méditation a-t-elle élevé votre génie à une pensée médicale nouvelle? c'est ce que dément votre journal, qui accuse en vous un servile praticien hahnemanniste, comme votre pratique décèle un servile praticien Brousséiste.

Poursuivant : « vous avez craint, M. Vallée, de vous montrer débordé par une science qui, bien que nouvelle encore, vous a laissé déjà bien loin d'elle. »

Les faits, et remarquez bien que tous mes raisonnemens s'en-
chaînent ; que mes déductions découlent toutes les unes des
autres, comme toutes elles s'harmonisent ; en se groupant autour du principe de la théorie des attractions et répulsions vitales, prouve qu'elle-même vous aurait débordé ; en effet, à
quelle affection a succombé monsieur Galliat? à quelle affection
à succombé M. le lampiste? quel a été le traitement? Nous at-
tendons votre réponse, l'allopathe homœopathiste. Le traitement du fils de M. Ph. Mouzin était-il allopathique, soyez sincère ; car nous savons qu'ici vous avez fait une infidélité à
l'homœopathie.

Vous rompez quelquefois en visière avec la modestie.

«Je n'aime pas, dites-vous, la polémique; je suis prêt à la soutenir sur toutes les parties de la médecine, qu'elles soient allopathiques ou homœopathiques, et je vous attends de pied ferme,
et quand il plaira aux dispensateurs des places de médecins
d'hôpital de cette ville, et autres administrations de cette ville
de donner des places au concours, et non à l'intrigue et à la faveur, et je me fais fort que je connais ma profession en tout
bien et tout honneur. »

Vous pouvez être prêt, M. Laville, à soutenir la polémique
ou plus tôt ; vous pouviez tenir ce langage d'amour lorsque vous
brandissiez la hallebarde devant un rival qui, comme le rédacteur du journal homœopathique, de l'auteur de la lettre adressée au gérant du journal de la Côte-d'Or, n'a point compris le
rôle important qu'un pamphlétaire est appelé à jouer, lorsqu'il
a compris la hauteur de sa mission. Le pamphlétaire doit per-
suader; or, pouvez-vous convaincre, vous qui n'avez point de
de conviction ? Le pamphlétaire doit être toujours incisif, quelquefois grave, quelquefois railleur. Est-ce là votre rôle ?

De la succursale hahnemannique établie à Dijon est né un
journal homéopathique. L'intelligence des auteurs de ses jours
étant une marâtre, l'œuvre des demi-dieux est morte au troisième
mois de son existence. Pleurez, pleurez peuple d'une cité let-
trée, pleurez, votre ange gardien a été frappé au cœur ; ses derniers soupirs se sont échappés avec fracas de sa poitrine étreinte
par les assauts de la dialectique.

Les deux premiers numéros ayant été soumis à notre critique
au mois de janvier 1836, nous ne nous occuperons ici que du troisième que nous nous sommes procurés depuis quelques jours.
Celui-ci renferme une lettre adressée à M. le ministre, lettre
qui sert de préface aux considérations que M. le rédacteur en chef
M. Laville de la Plaigne a produites relativement à l'introduction de l'homéopathie aux hôpitaux et dispensaires ; à ces considérations fait suite l'emploi de l'aconil napel.

« Je regarde comme un bien grand honneur pour moi d'être compté en France parmi les médecins qui les premiers ont secoué le joug des routines médicales, après avoir étudié et mis à l'épreuve l'homéopathie ; d'être des premiers qui sont allés à l'étranger puiser les connaissances nécessaires sur cette doctrine nouvelle tant critiquée, et enfin un de ceux qui ont le plus opéré à la propagation par des preuves authentiques de son efficacité curative. »

Nous n'aimons point les prétentions exagérées : nous les livrons au ridicule. Nous faisons et ferons la guerre et la guerre à mort à tous les félons : traîtres à leurs convictions, ils ensanglantent l'espèce tout en jurant, comme de nouveaux Décius, de se dévouer à son salut. Le mystère dans lequel ils enveloppent leur acte est une égide contre laquelle vient s'abattre la clameur publique. Eblouissant de l'éclat de leurs armes, ces hommes nés pour flotter sur la vague du jour, ils passent du physiologisme à l'électisme, et de l'électisme au physiologisme, et nonobstant cette inconstance barbare ils se font placarder médecin homéopathe. Nous qui avons acculé les antagonistes de la théorie des attractions et répulsions vitales à leurs dernières lignes de retranchement, nous arrachons le masque et nous livrons l'hypocrisie à la vindicte des citoyens éclairés.

« Je tiens le plus grand honneur encore d'être compté parmi les adeptes et les partisans de l'homéopathie qui de tous les points de la France vous votent et vous adressent des remercîmens en faveur de la demande que vous avez formée à l'académie royale de médecine, relativement à la création des hôpitaux et des dispensaires, pour y mettre à l'épreuve l'homéopathie ; tant ceux qui connaissent d'une part les grands services que peut rendre à la société l'emploi de la médecine homéopathique et de l'autre la fureur et le désapointement dans lequel cette nouvelle découverte a jeté grand nombre de nos hautes capacités, regardant votre demande non seulement comme un grand acte de bienfaisance, mais encore comme un acte de courage, car il y a toujours grand courage dans un siècle d'égoïsme et d'entêtement à heurter les capacités et à tenter à les diriger dans une nouvelle voie, quelque éclairée, quelque salutaire qu'elle puisse être.

Galilée, Newton, Schûle, Lavoisier, Gall, Voltaire, Dalambert, Gutton, Dawy, Herschel, Dupuis, Lamarc et tant d'autres illustres savans firent des découvertes, parce qu'ils possédaient une imagination active, puissante, créatrice. Parce qu'ils étaient des hommes de génie, à eux appartenait la gloire de réformer la société à leur sublime organisation, il était réservé de reconstruire la science sur des bases d'airain. Leur système éclaire notre époque comme il brillera dans la succession des générations.

Pour résister à la tempête des temps, le principe en général doit appartenir à la matière : morte ou animée , l'observation doit en découler comme le principe de l'observation , comme les conséquences du principe.

Et pourtant, M. L'Hybride, si nous interrogeons votre pratique sur les registres tracés très scrupuleusement par votre secrétaire (et nous pourrions même dire votre lieutenant, puisqu'il donne des consultations en votre absence et qu'il se permet de même une critique très sévère sur vos principes), nous voyons inscrire en gros caractères « M. Fénéleou, architecte, a pris depuis telle époque jusqu'à ce jour, tous les mois une prise d'aconil ; son action homéopathique a été secondée chaque fois d'une saignée très ample ; et tout récemment notre ami ayant eu une nouvelle attaque sur la charpente de la boudronnée, nous avons récidivé toujours avec un nouveau plaisir, comme avec un nouveau dévoûment, et notre prise et notre saignée; et d'un observation : « Allopathie et homéopathie vous êtes bien sœur par mère : impertinent et fourbe, vous avez bien le caractère maternelle de l'impudente intrigue. » mais ne dites pas tant demal de vos protectrices : elles vous permettent de faire des visites à vos plantations de mûriers : avec l'élégance d'un prince vous pouvez voyager ; grâce à leurs reliques , commettant de gens grossiers, vous pouvez marcher l'égal d'un receveur-général.

« Je m'explique avec toute la certitude d'un homme convaincu par l'expérience, et qui ne s'est pas toujours borné à étudier l'homéopathie et à en faire l'application dans les cas les plus simples comme les plus ordinaires dans les maladies aiguës et chroniques. J'ai choisi l'étude et le traitement des maladies nerveuses et spécialement de l'épilepsie ; maladie que l'allopathie et tous ses systèmes variés ont toujours attaqué sans succès. »

L'épilepsie et toutes les maladies qui lui sont analogues n'ont ni cause ni siège connus parfaitement; c'est pour cette raison que je me suis essentiellement attaché à son traitement , considérant le succès, en pareil cas, comme une des preuves les plus convaincantes de la loi *similia similibus curantur* des succès, je puis le démontrer d'une manière bien évidente. »

Avant la belle découverte de Gall, on ignorait qu'à chaque faculté intellectuelle correspondait un organe cérébrale; et depuis Gall nous avons reconnu anatomiquement-physiologiquement , comme pathologiquement comme therupentiquement que les facultés antérieures cérébrales sont sous l'influence des attractions sus claviculaires, comme les posterieures sont soumises aux suromaplatièmes ; c'est également à nos observations, à notre méditation que l'art se mettra en possession de cette découverte immense par ses résultats. Que l'épilepsie tantôt a son siége au cerveau et exclusivement au cerveau, primitivement et consécutivement dans un ou plusieurs des départe-mens cérébraux , et qu'en conséquence on doit, dans la pre-mière hypothèse, agir et sur l'attraction cordiale, et sur l'at-tention cérébrale ; dans la seconde, sur la cérébrale seulement.

Les agens que l'homéopathie exploite sont-ils en harmonie avec l'induction qu'offre la théorie des attractions et répulsions vitales ? ce que nous avons dit du cœur est applicable à d'autres organes dont les fonctions jouent un rôle principal. La matrice par exemple , dans ses modifications normales, comme l'esto-mac, peuvent être également provocatrices , et par cela même être soumises à leur attraction réciproque.

La pratique de M. Laville appuie notre système d'exclusion : Une dame a été traitée à Dijon , de l'épilepsie ; l'homéopathe lui a donné deux mois des soins , et les flacons flairés , et les bulles déposées sur l'appareil lui ayant laissé la malade dans le statu quo.

Nous terminerons ces observations par une réflexion géné-rale : tous les malades qui ont été soumis à l'homéopathie ont le teint flétri, la démarche chancelante ; le squeletisme a imprimé son cachet sur chacun de leur trait.

M. Laville doit beaucoup à ses formes ; et probablement davantage qu'à ses connaissances ; on aime à Dijon le clinquant : M. Salgues a eu ses beaux jours parce qu'il avait un habile la-quais , et M. Laville l'emporte sur lui ; selon la chronique , parce que le coche donne une égale attention à ses limousines.

Il est vrai de dire que M. Laplaigue a alléché quelques hommes éclairés, intelligens ; nous citerons M Louis des assu-rances, qui a trop de bon sens pour avoir confiance en l'ho-méopathie ; et d'ailleurs de quelle utilité peut nous être cette ba-varde, ainsi que son antagoniste, quand les attractions ont rendu à nos poumons leur fonction. Mᶜ Thomas , lui si spirituel , lui si clairvoyant, aurait-il. ... Oh ! ce serait par trop surprenant !

Il faut à l'homme de l'art, de la dignité. La demeure d'un malade doit-être pour lui un temple ; sa profession un sacer-doce ; il doit commander à l'estime publique par ses vertus ci-viques, comme il doit inspirer de la confiance par ses talents.

La pompe de l'art, c'est la science : tout ce qui est en dehors est du ressort du charlatanisme, dont l'impudence a exploité, dans ces temps de corruption publique , toutes les classes de la société. Adhérents au puissant mobile, les docteurs académi-ciens ont établi ici une hiérarchie de luxe. Luxe homœopathique, luxe allopathique : tout, pour toi, peuple frivole doit être éclat ; ton coup d'œil étant superficiel, tu admires la face, tandis que le trait part du cerveau.

Un maréchal, demeurant près du rempart qui conduit de la porte Neuve à la porte d'Ouche, éprouvait depuis trois mois des douleurs au genou droit lorsqu'il se décida à réclamer nos soins ; nouvellement établi et désirant servir par lui-même ses cliens, nous ne pûmes obtenir de lui qu'il conservât le lit.

Autant que pouvait l'exiger sa position, pressé d'une part, par ses instances, et par le désir d'autre part de lui être utile, je consentis à lui donner des conseils qui, tantôt furent différés, qui tantôt ne furent exécutés qu'en partie ; c'est ainsi que l'application première de sangsues ne fut faite que le dernier jour qu'il put supporter sa douleur ; c'est ainsi, qu'au lieu de cinq ou six sangsues, deux seulement se cramponnèrent, et leur succion fut très courte.

La continuation du travail ajoutant à ces circonstances défavorables, je crus devoir suspendre mes visites ; cependant je cédai encore sous la condition qu'on favoriserait l'application par le repos ; mais Gerbet promit et ne tint pas parole, la guérison pouvait-elle s'opérer sous l'influence de la station, sous l'influence d'un travail de dix-huit heures par jour ? Appréhendant les progrès ultérieurs, je m'empressai de développer l'action attractive quoique j'eusse la certitude qu'elle ne serait point surveillée par le malade, attendu qu'il était toujours sous l'influence des conseils des commères. Frappé par une affection grave, je fus huit jours sans voir Gerbet. A ma convalescence je trouvai le gonflement articulaire légèrement augmenté, la station plus difficile ; mais il n'existait point de mouvement fébril ; mais l'embonpoint était conservé ; mais les forces générales s'étaient soutenues ; et ce qui ajoutait à la puissance de ces élémens de réaction, o'était la ferme résolution de garder le lit et de s'abandonner à toute la vigueur homœopathique. En effet, quinze sangsues étaient déjà cramponnées sur les limites de la tumeur, dont on se disposait à activer l'action déplétive par des fomentations. A cette application une seconde succéda ; puis l'application d'un vésicatoire agissant toujours sur les limites de la tumeur ; celui-ci avait six pouces dans le diamètre longitudinal et plus de trois dans le transversal. Une suppuration effrayante s'étant déclarée huit jours après, on supprima le vésicatoire que l'on remplaça quelques jours après par un second de même diamètre sur le côté opposé. La maigreur se continuant, l'altération augmentant, on supprima encore celui-ci, et d'autres applications de sangsues suivirent, et toujours sur le cercle inflammatoire. Il fallait parcourir le cercle de la routine pour être conséquent, c'est-à-dire pour épuiser toutes les ressources, et de là un cautère fut établi au centre de l'irritation articulaire.

Nous avons promis d'être court et nous tenons parole : une seule réflexion terminera cet exposé. Docteurs, académiciens, etc., etc., par quelle considération vous êtes-vous appuyé pour renverser le plan de traitement? Est-ce parce qu'après quinze jours de traitement nous n'avons pas obtenu une résolution complète? Gerbet vous a dit, ce qu'il reconnut plus tard, que, s'il avait consenti à garder le repos, il aurait été guéri en huit jours ; il vous a dit de plus qu'à chaque application de sangsues il avait éprouvé de l'amélioration. Et de vos applications de sangsues, et de vos vésicatoires, et de votre cautère, quels résultats en a-t-il obtenus? Une maigreur effrayante s'est dessinée sur toute la charpente et surtout dans les muscles qui aboutissent et partent de l'articulation affectée, l'appétit a été, du moment que vos agens ont commencé d'agir, successivement décroissant ; un mouvement fébril s'est également déclaré, vous connaissez ses phases, vous connaissez également quelle relation elles ont avec le développement de votre tumeur. Si votre attention s'est dirigée sur le parallélisme des extrémités, elle a dû vous apprendre qu'une certaine période tend à se manifester : vous savez, aux hôpitaux, quelle terreur elle inspire. Il est donc temps d'abjurer l'erreur ; il est donc temps de faire une concession à la vérité ; il est donc temps d'étouffer l'orgueil qui tient sous sa verge despotique l'avenir d'un citoyen. Réfléchissez-y bien, ces considérations méritent d'être pesées.

Votre collègue en médecine, M. Lépine, se rappelle que les moyens qui furent employés pour Gerbet sont les mêmes qui ont été employés en faveur de M. l'écuyer Lechêne dans de semblables circonstances anormales, et dans un cas désespéré. L'opium était la seule ressource que son médecin pût lui offrir pour calmer son agitation.

Mademoiselle Lerat avait également été traitée par les attractifs sous toutes les formes employées : vésicatoires, emplâtres de poix, cautères, sangsues, dirigés tant sur le cercle inflammatoire qu'au centre : tout y avait joué un rôle plus ou moins actif.

Nous devions rapporter ce fait qui rend hommage à la méthode des attractions, d'abord parce qu'il prouve le concours du repos, soit relatif, soit absolu à l'élimination de l'inflammation, et parce que M. Lechêne a manqué aux égards que l'on doit à la reconnaissance en attribuant la cure de son affection à M. Lépine. Un citoyen honorable, M. Malet, a été indigné en entendant l'écuyer attribuer cette guérison au chirurgien-major. M. l'économe avait vu le malade avant comme il le vit pendant le traitement; il put donc apprécier l'efficacité des attractions correspondantes.

On se rappelle, à Arcelot, la position affligeante où se trouvait le jeune Cudet lorsque nous entreprîmes son traitement. Le docteur Faitaux se rappelle que son malade avait le pied beaucoup plus gros que le genou, et que d'ailleurs il était dévié; cet engorgement, cette déviation s'opposaient à la progression; la station même était insupportable; et maintenant, qu'on s'informe près du malade lui-même quel a été le résultat de notre traitement, qui doit paraître d'autant plus logique qu'il portait sur toute la face antérieure du tibia (l'un des os de la jambe) une large plaque dartreuse qui a été éliminée pendant le traitement

Madame Charlu, l'accoucheuse, s'était confiée depuis onze ans à la réputation de M. Sédillot, qui peut, lui-même, attester ce fait; car c'est ce savant professeur qui, le premier, lui a donné des soins. Cataplasmes de farine de lin, douches, vésicatoires, tout agent à action directe fut exploité. Quel a été le résultat final? C'est que la malade ne pouvait plus supporter les couvertes, c'est qu'elle éprouvait une très grande fatigue lorsqu'elle se livrait à l'activité que réclamait sa profession.

Nous avons traité plusieurs malades qui ont eu des entorses, et dont les répulsifs directs, favorisés des attractifs déposés sur les attractions correspondantes pelvi-appendixales et du repos ont guéri rapidement. La fille d'un imprimeur, la femme d'un courtier, un manœuvre de Magny furent soumis avec succès à ce plan de traitement.

Deux citoyens essaient leurs forces : l'un d'eux, en tombant, se fracture le femur. Les docteurs Paris et Lépine sont appelés à l'instant. On explore, on reconnaît la fracture, que l'on dit être accompagnée d'un gonflement tel, que l'on croit devoir différer la coaptation. Huit jours, quinze jours s'écoulent; enfin on procède à la réduction : retracez-vous, MM. les docteurs, tout ce que ce malade a dû souffrir de douleurs.

Comment depuis dix ans que j'ai annoncé au monde savant des attractions correspondantes, avez-vous pu laisser votre malade languir dans de telles angoisses? Ne deviez-vous pas prévoir les conséquences déplorables d'une telle inaction, et d'une inaction si coupable? Vous savez dans quel état il est parti pour les eaux; mais dites-nous, avant de quitter ce sujet, pourquoi cette paralysie d'une des extrémités supérieures? pourquoi cette claudication? pourquoi enfin tout ce désordre? est-ce là ce que vous appelez, messieurs les académiciens, de la méde-

cine? Voici encore, parmi tant d'autres, un fait de notre pratique digne d'être mis en opposition avec ses résultats.

Un ouvrier charpentier, près le quartier St-Nicolas, éprouve
en portant une pièce de bois une violente douleur à la hanche
droite, qu'il attribue au déversement du pied correspondant ;
appelé le surlendemain, je fis faire des applications répulsives
directes, je fis poser des sangsues, dont l'attraction devait alter-
ner avec des cautères, aux attractions pelvi-appendixales, observer un *repos absolu*, et, après cinq jours de traitement, ce
charpentier reprit ses occupations ; et cependant cette extrémité dans le parallélisme surpassait d'un pouce sa congénère.
Ce fait a été constaté par un de ses voisins. Cumulons les faits,
ce sont des témoignages historiques.

Une jeune personne à gages chez un libraire de cette ville
(M. Méot) avait déjà été traitée à l'hôpital par la compression
exercée sur les deux seins et la ciguë à doses croissantes, par M.
Guéniard ; et par les cataplasmes de farine de lin, les saignées
générales, par M. Ratelot, lorsqu'elle eut l'avantage de recevoir les conseils du citoyen Paris, qui, après avoir palpé, inter-
rogé la malade, conclut à l'ablation (section) du sein criblé
d'ouvertures, bosselé par d'énormes lubérosités glandulaires
qui, selon l'honorable docteur, en se développant de plus en
plus, placeraient la malade dans l'impossibilité de se faire opérer. Hé bien ! M. le professeur Paris, cette malade qui a été soumise à l'attraction et la compression directe ; cette malade qui
a bu pendant six mois la ciguë ; cette malade qui a été soumise
à l'influence des saignées tant générales que locales, à l'influence des causes dépressives morales par vous, a été guérie complètement par les attractions correspondantes : voilà un fait
qui est à votre connaissance et que vous deviez prendre en considération lorsque vous avez prié l'un des médecins de l'hôpital (M. Salgue) de voir Gerbet (et pourquoi pas le Nestor des
docteurs, M. Guéniard?), ici vous avez méconnu tout ce que
vous devez de bonté au frère et à la sœur. Dans votre quartier
on sait combien vous tenez à hanter et surtout à exploiter ; et
en cela vous avez raison, le docteur Mercier étant mort, M.
Salgue, qui comprend trop bien sa dignité de médecin pour exploiter par lui-même la reine des agens empiriques (la saignée),
vous appellera à son secours ; et, faisant ainsi la navette, vous
ajouterez un anneau à la puissante chaîne des coteries. Ecou-
tez ! écoutez ! de ma plume de nouvelles vérités vont s'échapper, et des vérités toutes sanglantes d'accusation.

Non loin du café Jusseaume, au fond d'un vaste corridor, habitait une jeune dame atteinte d'une affection (maladie de matrice) qui envahirait le genre humain si la découverte des at-

tractions correspondantes n'avait pas été faite, de nos jours, par un médecin paysan, qui saura un jour prendre sa place. A cette patiente, qu'avez-vous conseillé? L'application de quatorze sangsues, et de sangsues gigantesques, je puis vous l'assurer, en ordonnant à la malade de prendre un bain de fauteuil d'une heure tandis que les sangsues seraient encore cramponnées, vous remplissez bien une indication déplétive, une indication que Broussais appelle très improprement répressive. Mais cette indication est-elle logique? La considérez-vous comme une déduction de la situation pathologico-organique de votre malade? Nous avons trop de confiance dans la savante académie pour croire un instant qu'un de ses membres les plus distingués se jette dans un tel égarement; et cependant.... Abordons la discussion. Arrachons encore une pierre à l'antique édifice.

Si nous interrogeons les antécédens de notre traitement, que nous apprennent-ils sur les conséquences du vôtre? Que de larges boutons se dessinèrent par d'effrayans reliefs qui, en s'élargissant par leur base, couvrirent la presque totalité de la région cutanée correspondante à la face utérine. Le troisième jour tous ces boutons suppurèrent. Leur action, qui n'a pas plus été expliquée par Broussais que comprise par vous, est une action, M. l'académicien, de réverbération, une action qui, depuis nos recherches, ne peut plus être sollicitée que par les empyriques, les docteurs de trétaux, une action de réverbération telle qu'on la produit toutes les fois qu'on emploie le traitement très empyrique de la médecine physiologique de l'éclectisme.

Comme la pratique du citoyen académicien Paris ne doit point occuper tous nos instans, nous limiterons notre énumération par ce seul fait de l'homéopathie :

Dans une des baraques adossées à la halle habitait, avec sa mère et sa fille, une dame qui a été traitée par vous. Quel système avez-vous employé? L'éclectique. Quel a été le résultat ? La mort.

En parcourant cette chaîne d'événemens malheureux, le vulgaire, toujours indulgent pour ses bourreaux, dira le docteur Paris, n'est pas heureux ; nous qui avons long-temps vécu dans le camp ennemi ; nous qui connaissons toutes les roueries de la camarilla, nous dirons : Docteur Paris, faites la cour à M. Guéniard, à M. Salgue, si vous voulez avoir une maison montée à l'instar de ces honorables ; mais respectez le principe des attractions si vous voulez faire marcher de front le repos de votre conscience avec les faveurs de la fortune.

A Monsieur Flertan, ex-aide-major de la garde nationale, ex, etc., etc,

Vous êtes accusé, M. le docteur, par le peuple académicien,

de faire la médecine en amateur. Eh ! bon Dieu, quel reproche vous adressent ces honorables, qui sont à la piste de toutes les ordonnances insérées dans le journal des annonces médicales : ces honorables, qui ne s'endorment jamais sans avoir consulté le Digeste de M. Martinet (recueil d'ordonnances) : ces honorables doctes, qui saignent dans toutes les affections quel que soit le type, l'essence, la longévité, le siége : ces honorables, qui administrent le quinquina et comme atténuant et comme excitant : ces honorables, qui se permettent d'affirmer toujours, tandis qu'ils sont constamment dans le doute : ces honorables, qui, toujours, réfléchissent dans le vide : ces honorables, qui n'ont de recommandable que le titre d'académicien dijonnais. Nous, qui nous sommes acheminés sur le progrès par le parallélisme, nous avons reconnu l'identité de traitement. D'ailleurs, avant que M. Bazard (7) ne se fût initié aux mystères du charlatanisme dans la demeure du grand prêtre, vous étiez le confident des pensées majestueuses du docteur Salgue ; votre pratique ne doit donc être qu'une émanation de ce génie puissant qui tient dans ses mains la balance de la fortune, de la destinée des savans académiciens (Pauvre peuple !).

L'inflammation de la gorge que vous avez traitée chez madame Brug était violente ; et c'était probablement parce qu'elle menaçait d'une désorganisation que vous avez fait disposer des sangsues à la partie antero-supérieure ; placées sur le siége de l'affection, ces sangsues avaient reçu la direction que Broussais et ses sectateurs, que les académiciens dijonnais leur impriment. Ce caractère alarmant qu'offrirent les facultés intellectuelles ; cette suffocation éminente qui se déclara ; ce sentiment d'ardeur générale qui dominait tout l'être de votre patiente ; tout cet appareil de symptômes, ne présageaient-ils pas une mort instante ? Vous qui avez assisté au lever de cet épouvantable orage, l'envisagiez-vous avec calme, quand la terreur hideuse dressait sa tente au chevet de madame Brug ? Il était donc permis, et votre conviction en convient, aux attractions correspondantes d'agir ; à elles, à elles seules était réservé le noble rôle de conserver une mère de famille à ses cinq enfans Calme dans la tempête, puissant dans les résistances, le système de l'équilibre triomphe de tous les symptômes ; l'instant de son apparition sur l'organisme fut toujours signalé par la dispari-

____

(7) Quel est ce docteur Bazard qui, toujours, va critiquant la conduite de ses collègues ? Homme supérieur à son époque , a-t-il aussi une mission de progrès à remplir ? Dans sa pratique, quelques traits de génie accusent-ils une innovation dans l'art ? Nous résoudrons, dans l'instant, ces questions par les faits qui seront toujours pour nous les argumens philosophiques que l'on doit invoquer pour mettre chaque praticien à sa place.

tion des phénomènes mortels ; c'est par la simplicité des moyens que se décèle aux regards des penseurs le génie d'une découverte. Trois sangsues placées sur chacune des attractions bilatérales du foyer encéphalique suspendirent, concurremment à l'action répulsive directe, la gravité des accidens, qui, ayant réapparu les deux jours suivans, furent combattus par les mêmes moyens : trois jours de date, et l'irritation encéphalique était détruite. Après quinze jours, tous les systèmes organiques étaient rentrés dans leur tendance fonctionnelle normale.

Toute modification morbide naît ou de l'action d'un corps étranger, ou du défaut d'harmonie entre l'activité de l'agent respectif avec la puissance de réception organique Cette condition de vitalité doit être permanente ; du moment où elle disparaît, la rupture se manifeste entre les propriétés organiques et les puissances agentielles. Ce sont de telles circonstances organiques qui ont produit chez madame Brug cette nouvelle affection, contre laquelle l'éclectisme a de nouveau déployé toutes les ressources que trois mille ans d'expérience, d'observation, de méditation entassèrent dans le temple de la confusion.

Et éclectiques et brousséistes et homœopathes, et toute cette tourbe qui s'est constituée en autant de camps qu'elle porte de drapeaux divers, interrogez, peuple de bon sens, tous ces oracles de toutes les folles pensées qui, depuis tant de siècles, viennent frémir, s'abîmer devant le rocher de la logique. Quel ordre d'agens ils se confieront, quelle direction ils imprimeront aux moyens destinés par les auteurs à agir contre l'invasion d'une fièvre ? (Ici j'entends par fièvre toute sur activité vitale.)

Interprète de la pensée des académiciens dijonnais, M. Clertan, confirmant la théorie du docteur Broussais par sa pratique, à madame Brugnot placera des sangsues derrière les oreilles, ouvrira la veine ; et les accidens acquérant d'autant d'intensité anormale, le délire apparaissant sur la scène, il emploiera une potion active, une potion qui déterminera une réaction des plus énergiques ; réaction qui s'affaissera sous le poids de la désorganisation, si une main habile ne vient imprimer une direction favorable aux efforts convulsifs qui tendent à la projeter, à l'éliminer par les pores périphériques.

Quelques applications de sangsues dirigées par les attractions correspondantes des foyers encéphalique et stomacal suffirent pour délivrer les appareils envahis par l'irritation.

Dans la même maison, vous avez traité la mère et la fille ; quoique différentes, leurs affections avaient une certaine analogie sous le rapport de la gravité des affections.

Le plan de traitement que vous avez adopté pour la mère a été brousséiste, éminemment brousséiste. Des sangsues derriè-

re les oreilles, l'ouverture de la veine (pratiqué cinquante fois),
voilà les moyens qui ont été employés. Après un an vous savez
dans quelle position était votre malade; affaiblie, souffrante,
elle ne pouvait plus se livrer à aucune des occupations qui, antérieurement, disposaient de ses loisirs. Des sangsues placées
en très petit nombre, sur les attractions, les répulsifs directs,
voilà tout l'art de la thérapeutique.

La demoiselle avait une affection qui ne pardonne jamais
lorsqu'elle a acquis ce grand degré de développement, surtout
quand l'on adopte, dans ce traitement, cet arsenal que vous
avez mis à contribution. Analogue à toutes les irritations cor-
diales, l'affection appelée palpitation chez les auteurs, aux hôpitaux, a été combattue par la généralité des agens adoptés,
prônés; et cette affection d'essence essentiellement progressive
épouvanta tellement les parens, que fréquemment ils vous as-
saillirent de questions relativement au résultat, qui leur parut
désespéré bien antérieurement au développement d'action des
attractions correspondantes.

Le caractère de la situation anormale, la marche de l'affection soumise à l'influence des attractions sont des circonstances
patologico-thérapeutiques trop remarquables pour être omises
dans une discussion d'intérêt social aussi élevé que celui qui
nous occupe. La longue maladie de M. Billot, l'analogie d'affection à laquelle il succomba, celle de la petite Troisgros de
St-Julien, celle de MM. les comtes Léjéas, celles de MM. Lamblin de Fixin, Lamblin de Changey, celle du capitaine Petit,
de M. Mairet de Genlis et de tant d'autres que nous collecte-
rons bientôt, nous imposent l'obligation de dérouler pas à pas,
tableau par tableau, ce hideux drame que les hommes éclairés
appellent charlatanisme, et les crétins (idiots), de la médecine
d'observation.

Arrivée à huit ans avec une charpente régulièrement orga-
nisée, mademoiselle Louise éprouvait des palpitations violentes, convulsives même, qui se développaient dans l'universalité
des troncs artériels (le cœur, les artères carotides [externes et
internes], par leur développement, faisaient frémir la poitrine). L'appétit, le sommeil en avaient ressenti l'influence
terrible; les jambes, les bras se livraient avec douleur à l'exercice; la maigreur était extrême, les os saillans, la peau sèche,
aride.

Parvenue à un tel développement, cette affection, en général,
paraît incurable aux parens et aux médecins eux-mêmes qui
ont accéléré, par leur traitement, sa marche; aussi la mère hé-
sitait de la soumettre au traitement; ce ne fut que lorsqu'elle
éprouva elle-même un grand soulagement, qu'elle la confia à
l'action des attractions correspondantes.

La vie n'est qu'un supplice si elle n'est
exempte de douleurs et de maladies.

(*Pline.*)

Comme vous il était banquetier, et riche banquetier ; comme
vous il avait de vastes domaines ; comme vous il accablait de
son puissant orgueil le misérable écrivain qui venait puiser à sa
caisse ; mais, un jour de fêtes, le ministre du temps, comme
l'aigle superbe qui fond sur sa proie, s'abattit sur ce dôme doré,
où tant de brillans rêves s'étaient joués, où tant de ravissantes
espérances s'étaient enfantées. Vingt années de délices se sont
écoulées pour toi, ton existence ne fut qu'un printemps ! Homme superbe, tout sur cette terre a ses orages, tout a ses calamités ; le règne de la douleur s'avance, tu vas subir ses lois !

Effrayé de cette prophétie, il voulut échapper ; mais le dé-
cret était porté ; mais la faux était suspendue sur sa tête ; après
d'horribles tourmens il mit le pied sur la barque et fit le voyage,
laissant à sa postérité le germe de cette affection qu'une nouvelle génération médicale exploitera. (Voyez nos pamphlets.)

La famille Lamblin a prouvé aux observateurs qu'une maladie peut être léguée, et léguée avec d'autant plus d'analogie
qu'elle est transmise à la génération suivante. Mademoiselle
Lamblin (madame Marion, femme du banquetier) a subi tous
les traitemens : éclectique, homœopathique, brousséiste. A Paris
comme à Dijon, tous ils ont échoué; tous ils ont activé la marche de l'affection, qui se fût traînée lentement à travers les
tissus, si elle eût été calmée par le repos tant absolu que relatif.

Il vous est permis, c'est même un devoir
de vanter vos services lorsqu'on les mécon-
naît et surtout quand on vous en fait un
crime.   (*Voltaire.*)

Notre pratique a été remarquable par les succès constans
qui l'ont accompagnée et surtout par ce dédain misérable avec
lequel des hommes également misérables l'ont accueillie, à
part quelques concitoyens, dont nous honorons le caractère,
tous ils ont nié son origine ; tous ils ont émis en doute la possi-
bilité qu'une idée aussi élevée pût germer dans le cerveau d'un
homme qui avait passé toute sa jeunesse dans une campagne,
où l'isolement complet des relations scientifiques avait tenu,
pendant vingt années, ses facultés enchaînées à l'inertie.

On n'a pu comprendre qu'un torrent qui a frémi sur la digue
s'échappe avec fureur quand ses flots amoncelés ont brisé les

flancs qui l'incarcéraient ; on n'a pu comprendre qu'il ressaisit tout le terrain que la succession de ses vagues devait occuper à l'état de liberté.

Des hommes qui ont eu le talent de personnifier le ridicule dans leur être, des académiciens dijonnais ont dit que nous avions la prétention de singer Voltaire; nous ne voulons être le copiste d'aucun auteur, parce que nous, qui avons étudié la création, nous savons que d'une part il n'y a rien d'identique (8) dans la nature, et que, d'autre part, chaque écrivain a sa mission à remplir; celle de Voltaire (Arouet), quoique contempo-rain de Leclerc, ne fut point celle de Buffon (Leclerc); celle de Buffon celle d'Herschel ; celle d'Herschel celle d'Aristote; celle d'Aristote celle de Confutzé ; celle de Confutzé celle de Galilée.

Combien de misères dans vos relations ; renfermés dans le cercle étroit de vos habitudes, vous n'apercevez, Dijonnais, dans vos points de contact, que le brillant d'un extérieur au-quel les merveilles de l'art (9), chaque jour, donnent un nou-vel éclat Voyez ce docteur, cet académicien, ce major, ce mem-bre du cercle médical, de l'assurance mutuelle , ce caméléon politique fendant les airs ; dans sa course rapide, il charme, il séduit, il entraîne. Au quartier St-Nicolas on admire, ou trépi-gne, le cœur bat d'admiration ; c'est le petit docteur qui n'a de saillant que la face, de projection que le toupet, de rectitude que l'une. Quatre pieds de stature, six pouces empruntés au sol, voilà, Dijonnais, comme vous organisez ces géans que le génie des Gall, des Lavater appelait le crétinisme par excellen-ce et que nous caractérisons par l'expression de : *l'Idiotisme académique.*

Un fabuliste, qui était un homme de génie, quoique n'étant pas académicien dijonnais, dit dans une de ses admirables fa-bles : *Propria pella quiesce,* Que chacun repose sur sa propre peau. Hé bien ! messieurs les artistes, suivez le précepte: Ayez assez d'amour pour vous-mêmes pour jouir de vos talens; à ces graculus académiciens (geai) arrachez chacune des plu-mes qu'ils ont dérobé à votre art, et vous jugerez, par la hideuse nudité du squelette académique, de cette puissance intellec-tuelle qu'animait le feu de Prométhée. — Le bottier, ces escar-

---

(8) Nous voulons parler, relativement à la science, des hommes à organi-sation type ; quant aux académiciens dijonnais , il y a chez eux similitude parfaite, celle du crétinisme.

(9) C'est parce qu'on a eu la prétention de tout limiter, de tout section-ner , qu'on est tombé dans cette confusion de distinctions qui enrayent le langage dans la bouche de tout penseur.

pins miguons que le décroteur a ennobli de son lustre ; le tailleur, son pantalon à sous-pied élastiques, son frac à queue de
morue, cette cravate brillante, dont les plis ondoyans sont autant de matelas où la ganache académique vient mollement se
délasser de ses veilles majestueuses.

A vous, carossier, la gloire, à vous, carossier, les honneurs ;
les éclats lancés par vos tilburys sont des reliques que le crédule
peuple de St-Nicolas révère (10).

Le génie de Bichat a appelé l'attention des physiologistes sur
une distinction qu'il a cru devoir désigner, en raison des phénomènes contradictoires qui apparaissent sur le théâtre de ces
deux vies, du nom de vie de relation et de vie végétative.

En observant philosophiquement les phénomènes, en prenant en considération les relations du flux et du reflux vital, on
s'aperçoit que l'énergie des actes de ces deux vies est en rapport inverse ; c'est ainsi que, dans les climats brûlans des zônes
torrides, la vie y est toute périphérique, tandis que dans les
septentrionales elle est toute de centre viscérique.

Si cette centralisation jouit d'une grande activité, d'une per-
manence prolongée au-delà du cercle fonctionnel, la vie s'y
précipite ; l'érectilité des sensations végétatives réagit sur les
sensations dites de relation, et des irradiations anormales de
l'organe sont lancées au cerveau qui devient un centre actif de
perception végétative, c'est alors que l'animal a la conviction
d'une nouvelle vie dont l'activité est en rapport inverse avec la
vie de relation. Du moment où l'existence d'une vie multiple à
l'intérieur se manifeste, la vie également multiple de l'exterieur
se modifie ; l'exaltation centrale produit toujours l'affaissement
périphérique. ; mais cette vie périphérique n'est pas modifiée
instantanément dans tous ses pôles ; mais toutes les zônes du
plan pèriphérique ne sont point appelées simultanément à
fournir les élémens d'une nouvelle vie intérieure. Comme tout
foyer anormal a ses limites organiques, et que tout foyer est un
centre d'attraction, de combustion vitale, cette attraction ne
peut s'exercer que sur les zônes du pôle périphérique correspondant ; c'est ainsi que le foyer d'une des zônes du pôle viscé-

---

(10) Un jour, passant devant la boutique d'un marchand malpropre comme
un ours mal léché (expression très familière aux académiciens dijonnais), il
est soigné, dit ce boutiquier, ce médecin des chiens ; notre docteur est plus
propre que ça. Pauvre peuple, quand auras-tu assez de discernement pour
comprendre que ces chaînes métalliques, que ces pieds cirés, que ces carosses lavés à chaque visite, que ces vêtemens odoriférans sont les tapisse-
ries de l'art qui couvrent les haillons du charlatanisme.

Le coursier n'a point de jambes, le cavalier point de cerveau, et on veut
qu'ils arrivent à l'immortalité. Quelle démence !

ral du balancier pelvi-appendixal exercera ses attractions sur les zônes du pôle périphérique.

Cette correspondance de tissus, de propriétés, de phénomènes normaux, anormaux a-t-elle été indiquée? en trouve-t-on les vestiges dans les auteurs? et cependant l'organisateur, quelle que soit la simplicité de ses êtres, quelle que soit la complication de leur organisation, l'offre à la méditation de l'observateur qui a suivi pas à pas la nature créant le mobile (la matière), appliquant à celui-ci le moteur (les puissances attractive et répulsive); modifiant l'un et l'autre selon le but organique qu'elle s'est proposée d'accomplir (11); mais abordons les faits ; interprétant leur signalement, rendons, en nous éclairant du flambeau de la vérité, à chacun de leurs traits le caractère vital qui lui appartient : cette obligation nous est imposée par cette considération, que chaque fait est un des matériaux de l'histoire, et que l'histoire, pour être véridique, doit être formée d'élémens exactement recueillis dans leur circonstance d'origine, de station, de déclivité, de siége.

Existe-t-il des attractions correspondantes? et ces attractions correspondantes sont-elles fixes et quant à leurs limites et quant à leur intensité?

Un jeune homme, à vingt ans (M. Dumont), est frappé d'une irritation pulmo-cordiale. A l'instant de l'invasion M. Legrand est appelé : il explore avec le stéroscope; l'affection étant reconnue on place des sangsues en grand nombre, et dont on favorise l'écoulement ultérieur au bas des omoplates; on établit des cautères sur les mêmes points périphériques; on ouvre plusieurs fois la veine. Après huit mois de traitement on quitte le malade dans la position que nous allons rapidement esquisser.

Amaigrissement général; teinte périphérique livide; adhérence de la peau aux muscles, rosées glutiformes; les contractions convulsives des troncs artériels se dessinent, dans toute la poitrine, par des secousses volcaniques qui le fatiguent horriblement; des rêves effrayans réveillent le malade à l'instant où il ferme les paupières; les yeux sont caveux, l'empreinte d'une douleur profonde s'en échappe; aucun aliment ne flatte son palais; lors de la déglutition il éprouve de la gêne, ressent de l'ardeur; des gaz s'échappent par torrens de l'estomac qui lui paraît balonné; les excrétions inférieures ont le caractère des colliquatives; une atmosphère d'odeur sui generis enveloppe ce patient qui attend avec irritation le moment qui doit terminer ses jours.

----

(11) Nous prouverons, par l'analyse, que Bichat ne pouvait arriver, par la direction qu'il avait imprimée à ses recherches, à de tels résultats.

Ce fait devait être signalé à l'attention des partisans du progrès; des hommes qui apprécient l'expérimentation, en comparant les résultats obtenus par le docteur Legrand à ceux que nous consignerons dans notre essai. On s'apercevra facilement combien l'humanité devrait s'intéresser à la propagation d'une méthode qui a déjà signalé sa supériorité par tant de succès.

Les prosélytes de Broussais, en méditant cette observation, seront frappés de l'élection de leur collègue qui diffère essentiellement de celle qui a été conseillée pour de semblables affections par l'auteur des phlegmasies (Broussais). Pourquoi cette modification d'élection? Le docteur Legrand a-t-il entrevu dans une pensée physiologique nouvelle une pensée pathologique, thérapeutique également nouvelle? Non. Notre collègue a conservé l'ornière intacte. Nous avons vu qu'il avait favorisé l'écoulement jusqu'à syncope à chaque application de sangsues ; que les cautères, une fois établis, ont été conservés constamment sur les mêmes surfaces périphériques. —Le docteur Legrand, dans des temps antérieurs, vivait en très bonne intelligence avec l'innovateur, auquel il reconnaissait une grande aptitude au travail, quelques dispositions à observer les faits et à en tirer des conclusions ; mais le médecin des prisons n'a pas l'énergie de caractère de l'innovateur ; enveloppé par la coterie, il a dû céder à ses instigations puissantes qui ont fait fléchir la volonté d'autres personnes qui ont jadis également rendu justice à l'observateur des attractions correspondantes : et de là la continuation de cette pratique du docteur Legrand. Toute hybride de brousséisme et d'éclectisme, celle-ci dut charmer les collègues qui tiennent à Dijon alternativement le sceptre de la médecine. Le confrère de la place St-Jean ayant bien compris cette vérité, il dut rarement expérimenter les attractions, et constamment, comme nous venons de le prouver, manquer le but, comme tout praticien qui alliera la méthode naturelle (théorie des attractions et répulsions vitales) aux autres méthodes. Basé sur la corrélation des systèmes organiques, l'équilibre, pour exercer sa puissance, doit être constamment dans son action, identique à lui-même. Les saignées des brousséistes, le quinquina et les autres spécifiques des éclectiques et des homœopathes doivent donc être réprouvés par lui (12).

Comme nous nous dirigions vers l'habitation du fils Dumont,

---

(12) Nous avons vu que M. Legrand avait placé ses sangsues et ses cautères à un pouce au-dessous des omoplates ; cette élection doit être proscrite de tout partisan des attractions correspondantes. Lorsque notre essai sera digne d'être offert au public que nous honorons, nous indiquerons l'attraction pulmonaire.

nous fûmes appelés à voir la dame d'un officier qui, depuis six mois, est traitée par la docteur Camus.

Cette dame, qui est exposée depuis quelques années aux ravages d'une phlegmasie ambulante, souffrait à cette époque d'une irritation latérale qui occupait les régions encephalo-fronto-auriculaires. Cette affection était sous l'influence d'une phlegmasie pectorale beaucoup plus ancienne et à laquelle on avait donné quelques soins qui n'aboutirent à aucun résultat favorable; c'est probablement cette circonstance thérapeutique qui engagea notre collègue à négliger l'étude de celle-ci pour s'occuper exclusivement de l'affection secondaire. Quoiqu'il en soit, l'académicien avait conseillé les sangsues derrière les oreilles, ouvert la veine, comme il en a probablement conservé le souvenir.

Ce traitement continué pendant quelques mois ne fit qu'accélérer la marche de l'affection. Nouvelle preuve de l'existence des attractions; nouvelle preuve de la barbarie des méthodes banales.

Nous avons soumis aux attractions correspondantes une demoiselle qui éprouvait de la douleur dans le genou droit quand le flux mensuel s'annonça.

Quel était, docteur Paris, ce corps qu'accompagnait un groupe nombreux de républicains? Ah! c'était encore l'un de vos cliens.

Combien de temps a-t il souffert? Répondez, M. le professeur d'anatomie. Dix-huit mois.

Quel est l'académicien qui l'a traité à l'origine de son affection? Quel est le membre du cercle médical qui a assisté, favorisé le développement des phases morbides de cette modification organique? L'un des membres de l'assurance mutuelle (le docteur Paris), quand l'affection s'accélérait dans sa marche par les vésicatoires, par les sangsues, d'après la méthode de Broussais, d'après les saignées du bras, qui appelliez-vous en consultation? Des co-religionnaires médicales et politiques. Et qu'ont prescrit à ce malheureux patient les docteurs académiciens et professeurs Guéniard, Naigeon, Pingeon, Sédillot? Un emplâtre de poix sur l'organe souffrant (le foie). Mais ne m'étais-je pas déjà élevé, dans vingt pamphlets, contre cette barbarie sociale? Vous-même, n'aviez-vous pas déjà passé sous les fourches patibulaires? Ce n'était pas assez pour votre orgueil de déployer l'arsenal empirique au lit de Gerbet, il fallait un pendant à cette victime, et la stupide confiance dijonnaise vous a livré Pesant.

Souffrir 14,400 heures, ah! combien de soupirs! ah! combien de douleurs, combien d'étreintes dans cet éternel laps de temps!

Des vésicatoires dans un tel désordre organique ! insensés, votre intelligence ne fera donc jamais irruption dans cette sphère où circulent vos pensées médicales.

Des vésicatoires, ah! Pesant, que ne t'ai-je vu plutôt ! Ta femme a été témoin de cette bouillante indignation qui s'élève dans mon ame toutes les fois que je suis appelé près de ces languissantes victimes qui n'attendent de la bienfaisance de leur médecin qu'un poison plus actif.

Professeur, membre du cercle médical, de la société d'assurances mutuelles, lieutenant-colonel, ex chirurgien major de la garde nationale, membre de toutes les coteries passées, présentes et futures; à vous la lance, grand'croix de la légion du charlatanisme. Le début de l'affection Pesant a été simple, limitée à un organe; les sangsues, par action de réverbération, ont activé le foyer ainsi que le vésicatoire, dont l'action a obtenu la même direction. Les saignées, en affaiblissant la trame, se sont opposées à la réaction qui tendait à s'établir par les voies de déversement établies entre les pôles extérieurs et les pôles intérieurs ; et de là cette concentration pulmo-cordiale qui lui a rendu si pénibles les derniers momens de son existence.

Il y avait de la dignité, et de la dignité doctorale dans l'exercice des fonctions de l'honorable docteur que nous cûmes le bonheur de voir, d'entendre à un village près de Nuits. Ah ! vraiment, mon ame a été transportée, un sentiment d'admiration a fait battre mon cœur : de ce jour, d'épouvantable mémoire, j'ai juré de déchirer le voile impudique qui cache au monde tant de lâches infamies. — Votre position, Madame, m'a affligé; sympathisant à vos douleurs, j'ai juré de venger l'humanité de ces imposteurs qui exercent un monopole horrible sur la crédulité du peuple.

En arrivant à ma destination, je trouvai la cour occupée par un brillant cabriolet. Ici doit reposer un des oracles du temple. Silence : qu'un sommeil bienfaisant répare les veilles de ce divin fils d'Apollon. En paix : le grand homme médite une pensée de bien ; que l'humanité, l'encensoir à la main, l'accueille avec reconnaissance.

Dans une chambre éclairée par trois flambeaux, nous aperçûmes, à travers trois gardes, un malade qui se débattait depuis deux jours. Un délire continuel agitait son corps, tantôt des idées lucides, tantôt une frénétique indignation s'échappaient de ses organes. En le découvrant, nous aperçûmes deux larges vésicatoires aux cuisses ; des sangsues avaient été placées derrière les oreilles, de la glace aux tempes. Quatre onces de quinquina avaient été administrées sous diverses formes.

Une investigation rapide nous décéla deux inflammations;

l'une cérébrale, l'autre stomacale. Deux inflammations suppo-
saient deux foyers, deux attractions correspondantes; et ces indications de tous les momens d'une existence anormale les avait-
on remplies par l'ingestion du quinquina? les avait-on remplies
par les sangsues appliquées derrière les oreilles? les avait-on
remplies par la glace appliquée au front? les avait-on remplies
par les vésicatoires aux cuisses?

Quoi qu'il en soit, que fit le noble collègue à son arrivée? Il
fit ouvrir la bouche, palpa le pouls, et puis il alla digérer, dans
un profond sommeil, ses observations.

Considérant toutes les affections comme des modifications organiques opérées par des agens attractifs ou répulsifs, différens
dans leur intensité, nous portons, toutes les fois que nous
sommes appelés à voir un malade à la campagne, des sangsues.

Madame, à l'aspect de ces sangsues, fut frappée de terreur.
Quoi! des sangsues! M. le docteur Camus a bien recommandé
de laisser mon mari très tranquille. Comme je lui faisais comprendre que je les plaçais dans d'autres indications, elle se permit d'éveiller, de consulter M. le docteur, qui s'éleva avec
énergie coutre de telles applications. Nonobstant cette impé-
rieuse défense, je passai la nuit à placer des moxas et des sangsues aux centres attractifs. Le matin, à mon départ, le pouls,
quoique faible, était plus régulier; les idées lucides tendaient à
dominer le délire; mais l'ascendant de l'académicien Camus
nous engagea à nous retirer (Voyez l'observation).

Les médecins qui feront partie de la commission d'enquête
interrogeront plusieurs malades qui étaient dans une position
analogue, et qui, cependant, ont guéri.

Dijon, heureuse cité, que manque-t-il à ta splendeur scientifique? Tu avais une académie des sciences, arts et belles-let-
tres; tu possèdes un cercle médical ; on t'a doté d'une assurance
mutuelle contre les maladies et les accidens; et, à tous ces bienfaits, la munificence gouvernementale, prenant en considération la torpeur de tes illustres capacités académiques, elle t'accorde une école de médecine. Une école de médecine ! patrie
des Chaussier, des Guiton-Morveau, des Leclerc, tu vas briller
d'un nouvel éclat; au siècle du grand Voltaire tu verras succé-
der le siècle des neuf illustrations.

Tant d'importantes innovations supposent, dans notre ville,
des hommes supérieurs, des hommes nés pour éclairer leur siècle, imprimer une direction au progrès. Si Diogène faisait réflé-
chir sur le front majestueux de ces Esculapes les rayons de sa
lanterne, pensez-vous qu'il y trouvât un homme parmi eux?
Oh! non, ce serait un académicien dijonnais; et tous les académiciens dijonnais ne sont pas des hommes tels que le philosophe
les cherchait.

En établissant une école à Dijon, a-t-on bien réfléchi aux élémens que la société pouvait mettre en œuvre?

Tout citoyen qui se propose de parcourir une carrière doit concentrer tous ses efforts vers l'amélioration sociale. Pour atteindre ce but qui offrit tant d'attraits aux citoyens romains, il faut être dominé par la noble ambition de surpasser ses rivaux ; c'est cette ambition de tous les momens d'un homme passionné pour son art qui a été le germe de toutes ces brillantes découvertes qui ont illustré la fin du dix huitième siècle et le commencement du dix-neuvième. Le génie de Voltaire a soumis l'universalité de connaissances acquises à l'exploitation d'une pensée sublime. Secondé par les travaux des Diderot, des d'Alembert, il enchaîna l'hydre tout le temps que notre grande révolution employa à parcourir ses phases rapides. Oh ! combien de gloire, oh ! combien de bienfaits se sont échappés de ton sein, vertueuse assemblée nationale : haine à jamais au tyran qui a renversé, avec le levier du despotisme, cette tribune d'où la terreur s'élançait pour glacer le cœur des tyrans qui de notre belle patrie voulaient faire une terre de désolation.

O toi ! dont la valeur héroïque disputa, par vingt batailles, le terrain de la liberté ! toi, dont les nobles entrailles frémissent sous la tyrannie, consoles-toi, sublime Pologne : devant le tribunal des nations tes vierges trouveront des défenseurs !

Un anatomiste qui fut professeur aussi éloquent que profond ; un médecin, d'un puissant génie, le grand Bichat, éprouva une affection grave à laquelle il succomba. Les indications thérapeutiques que remplirent les médecins fameux qui le traitèrent, prouvent à l'évidence que le système de traitement adopté du temps de Corvisart fut celui de Broussais, comme il fut celui des temps antérieurs, comme il est celui de notre époque ; comme le prouvent les circonstances pathologiques et thérapeutiques que nous avons extraites de la vie de Bichat publiée par Buisson.

« Calmé d'abord par les sangsues qu'il se fit appliquer à la tête, il parut n'avoir plus à craindre les accidens de la chute ; mais sur le champ l'appareil des symptômes gastriques se manifeste au plus haut point d'intensité ; une tendance continuelle à l'assoupissement fut le triste prélude des phénomènes ataxiques qui survinrent au bout de quelques jours, et auxquels ils succomba le 7 thermidor an X, quatorzième jour de sa maladie. M. Corvisart, médecin du gouvernement, et Lepreux, premier médecin de l'Hôtel-Dieu, lui avaient donné des soins. »

Vous que l'on a toujours abusés ; vous qui n'avez jamais aperçu le piége que l'on a tendu à votre bonne foi, vous croyez que quand j'accusais mes collègues d'adopter, de poursuivre de coupables erreurs, j'étais un fou ; hé bien ! voyez l'espoir de l'art, l'immortel Bichat, conseiller pour lui-même les applications de sangsues à la tête, et l'agitation affaiblie dans ce centre d'action se porter avec fureur à l'estomac, le médecin du gouvernement (Corvisart) et le premier médecin de l'Hôtel-Dieu laisser à l'affection le temps de parcourir ses périodes.

M. Vallée le père, tous MM. les académiciens ont donné des soins à un enfant de sept ans. Depuis l'âge de deux ans cet enfant fut souffrant ; depuis l'âge de deux ans il fut traité ; à sa faible constitution tous les systèmes ont payé tribut. Lorsque nous fûmes appelés, nous fûmes frappés de la teinte livide de ce squelette qu'agitaient convulsivement les contractions du cœur ; un cri perçant, continuel, minait le restant des forces qu'avaient épargné les médicamens dont on avait empoisonné son existence.

Un potentat, qui eut des idées lucides sur l'administration, obligeait les juges à siéger sur un fauteuil couvert des tégumens d'un juge prévaricateur ; et ces juges prévaricateurs étaient-ils plus criminels envers la nation que MM. les professeurs de l'illustre école de Dijon, de cette école rivale, de cette école qui s'élève toute palpitante d'espérance au-dessus de l'école célèbre ? O Lyon ! ô cité privilégiée ! ô toi dont le génie des Ponteau, des Petit, des Véricelle, des Bouché, des Jauson, a immortalisé la gloire ! ô toi que j'aime, élève-toi de toute ta grandeur ; brille de tout ton éclat devant cette impudente qui immola à son impertinence la gloire de son pays ! Quel hommage avez-vous, Dijonnais, rendu au talent du fameux Chaussier ? Le génie de Guiton-Morveau a-t-il une inscription ?

Nous nous sommes déjà élevés contre un abominable despotisme, je veux parler de l'empire qu'exercent les maîtres sur leurs domestiques, relativement aux affections dont ceux-ci sont atteints. Voici un fait qui prouvera encore combien cette tyrannie leur est fatale.

Une jeune personne de huit ans avait éprouvé, il y a quatre ans, une fluxion oculaire très intense ; les yeux (la conjonctive) étaient très rouges ; les glandes des paupières secrétaient une humeur très épaisse, très abondante (chassie), qui, tous les matins, faisaient adhérer les paupières entr'elles. M. Naigeon lui avait long-temps donné des soins, et toujours sans obtenir aucun résultat. Soumise aux répulsifs directs et aux attractifs correspondants, elle guérit radicalement. La mère, qui admirait cette petite dont les beaux yeux étaient vraiment délicieux, me remercia, en m'assurant de sa reconnaissance ; mais une irritation cordiale se déclara ; quelques symptômes stomacaux l'accompagnèrent. Le médecin appelé, vieux praticien d'ailleurs, prit le change : des sangsues au creux de l'estomac, des cataplasmes de farine de lin; et, dans les derniers moments de l'existence, un large vésicatoire, toujours sur la région pylorique. Le jour que nous fûmes appelés, jour qu'elle rendit le dernier soupir, elle éprouvait des douleurs inouïes ; les couvertes étant levées, nous aperçûmes un emplâtre ; étonnés de cette barbarie, nous demandâmes pourquoi on avait saupoudré de mouches cette pâte : c'est M. le médecin qui l'a ordonné.

O ciel ! combien elle a souffert ; quelles furent tes angoisses, pauvre enfant ! par combien de douleurs tu as acheté la condescendance de ta mère !

D'un regard dédaigneux, avec un esprit frivole, vous lirez, MM. les membres du conseil municipal, MM. les membres du conseil départemental, MM. les députés, M. le préfet et ses conseillers, ces observations. Cependant voyez l'analogie d'affection, l'analogie de traitement et l'analogie de terminaison entre la maladie de M. Fornerot et celle de Bichat; de part et d'autre, accidents cérébraux, accidens stomacaux; de part et d'autre, application de sangsues à la tête, ingestion de quinquina; de part et d'autre, la mort est le terme d'une telle affection, d'un tel traitement; et le traitement de Bichat et le traitement de M. Fornerot fut analogue à celui du fils de M. Blot, de M. Blagny de St-Julien, de madame Blein d'Aniesres, du porte-drapeau de la garde-nationale, du fils et de la demoiselle de M. l'avoué Monier. Comme l'affection a été identique, le nom seul des médecins établit la différence dans ces diverses observations.

Si de ces localités vous vous transportez à Cirey, à Orgeux, à St-Julien, à Magny-sur-Albane, à Beire, à Brognon, à Telcey, et que là vous y interrogiez Jelin le conducteur (charretier), vous y interrogiez le fils Garnier le fermier, la femme de Faitoux, le couvreur Pistolet, Monnet le manœuvre, le berger de madame Leblin, Lagoutte le manœuvre, les deux fils de M. Clopin, de Marlien, vous verrez identité d'affection, mais non de traitement ; car le nôtre fut celui des attractions et des répulsions correspondantes. Voilà ce que devaient constater à l'époque où je le réclamais, vos conseillers municipaux, vos conseillers départementaux, votre préfet, vos députés. La vérité a frappé le cœur de ces hommes publics, et, comme le marbre, il a raisonné.

Grâce à vous, nobles départemens ; à vous la gloire de la France, vertueux électeurs ; de l'urne sont sortis les Michel, les Martin, les Cormenin, les Garnier-Pagès, les Carnot et toute cette magnanime opposition qui, dans sa lutte énergique, rappellera à la France les beaux jours de la sublime convention !

4.

Et qu'importe à toi, peuple d'égoïstes, peuple d'esclaves, cette impulsion populaire qui te débordera un jour, peu t'importe cette impulsion progressive qui, dans la violence de ses flots, te dépouillera de cet insolent orgueil qui fait toute ta gloire? Un jour viendra où tu seras honteux de tes erreurs.

Une promenade publique, celle qui masque le plus beau point de vue: une réception d'étalons, une nomination de professeurs, sont beaucoup plus dignes d'appeler tes précieux momens. Que le peuple souffre, puisqu'il a la sottise de se confier à un fou : tel est le raisonnement de l'autorité municipale. Ce raisonnement est logique; ne doit-il pas l'être, puisque c'est celui d'un conseiller municipal, c'est celui d'un conseiller départemental, c'est celui d'un député, c'est celui d'un préfet et celui de ses conseillers? Il a souffert aussi, le fils Blot; lui aussi a été assassiné; et ce n'est point le fou de la campagne qui lui a plongé le poignard dans le sein; le fils et la fille de M. Monier ont souffert, ils sont morts, est-ce le fou qui les a empoisonnés? M. Changarnier, le conseiller, a souffert; d'horribles tourmens ont terminé ses jours, et le fou méditait alors à Paris son œuvre immortel. Mercier le docteur, Ouvrar le chirurgien ont eu des angoisses cruelles, quel est le praticien qui les leur prépara? Ah! le fou, grâce à son indépendance, ne s'est point allié au sot tripot d'où partirent les ordonnances.

Interne à l'hôpital de Dijon, vous avez, M. Bazard, cultivé avec plus de succès l'intrigue que l'art médical ; quelles sont vos études, quelle puissance de capacité vous permettait, Monsieur, de répondre à la confiance de madame Lenoir?

Si votre cliente avait été véridique, et je porte, dans mes convictions, une trop haute estime pour son caractère pour penser qu'elle ait manqué à ce qu'elle devait à la reconnaissance d'un bienfait qui ne saurait avoir son égal sur la terre; on vous l'a dit, madame avait été traitée par M. Mercier; quant au temps, il fut long; quant au plan, il fut banal : c'était du Lisfranc, et du Lisfrantisme tout aussi obscur, je vous l'assure, monsieur le professeur-adjoint, que la lumière qui éclaire vos facultés. Le sentiment de pesanteur avait disparu; la douleur latérale droite avait cessé; les flueurs blanches s'étaient éteintes; les règles s'étaient régularisées, et la quantité de sang échappé était normale; l'appétit était normal également; tel était l'état où j'ai laissé votre malade. Mais j'aperçois votre objection : « Si elle était dans un tel état de santé, pourquoi désirait-elle mettre à contribution mon expérience, mon talent? » Ah! pourquoi? C'est que madame *voulait de la force quand bien même*, comme madame Bertaut, et de même que M. Mercier, et de même que l'hybride Laville de Laplaigne vous avez tenté de lui en donner *quand bien même.* En effet, votre médicament a été tellement énergique, c'est-à-dire possédait une telle puissance de modification organique, que votre malade a éprouvé tous les symptô-d'un empoisonnement et d'un épouvantable empoisonnement; et je ne puis mieux vous retracer les accidens qu'il a déterminés qu'en citant votre protecteur par le canal de son collègue, M. Séné: «Il résulte des observations recueillies chez l'homme, 1° que les feuilles, la racine, les baies de la belladonne sont très vénéneux et susceptibles de déterminer des accidens fâcheux peu de temps après leur emploi; 2° qu'ils déterminent promptement l'inflammation des tissus sur lesquels on les applique; 3° s'ils sont introduits dans le canal digestif à très petites doses, ils ne produisent que des effets locaux; 4° qu'ils sont absorbés et produisent le tétanos si la quantité employée est plus considérable; elle le produit à plus forte raison si on l'injecte dans les veines.»

(Orfila, *Leçons de médecine légale,* BELLADONNE.)

Hé bien, ces mouvemens convulsifs, tétaniques, qui sillonnaient la face; cette salive hydrophobique qui ruisselait sur les lèvres, inondaient les joues; cet évanouissement épileptique de vingt-quatre heures; et vous n'avez pas frémi au récit de ces scènes hideuses d'horreur! et vous avez osé, après un tel acte de lèze-humanité, solliciter une chaire de professeur? Ah! comme le citoyen Paris, vous invoquerez la camarilla à votre secours; et, tout en vous servant de l'égide de la calomnie, vous accuserez l'observateur des puissances attractives et répulsives vitales de calomniateur; vous accuserez avant de vous justifier.

Il faut une assurance et une assurance mutuelle aux peuples; mais quels sont les élémens de toute assurance, et comment toute assurance devient-elle mutuelle? D'abord formons-nous une idée claire de l'acception du mot *assurance* appliqué à l'espèce qui nous occupe; c'est-à-dire contre les accidens et les maladies. Donner une assurance à quelqu'un de posséder quelque chose, c'est lui donner une certitude qu'on le mettra en possession de cette chose, et, dans l'hypothèse présente, qu'il substituera à son état de maladie un état de santé. Or, je vous le demande, peuple trop crédule, peuple qu'on abuse par une rouerie aussi grossière que barbare, quel est, à Dijon, le médecin qui puisse vous offrir une telle garantie? Le docteur Paris, membre du cercle médical, membre de l'assurance mutuelle contre les accidens et les maladies, professeur de la faculté de Dijon, lieutenant-colonel, ex-chirurgien de la garde nationale, se cautionnant de ses co-religionnaires Salgues, Guéniard, Naigeon, Pingeon, Sédillot, de tous les académiciens, de toute la fournée de professeurs, et d'autre part, de toutes ces substances vénéneuses que l'on étale, avec un art criminel, à l'idiotisme ou au crétinisme de cette savante cité. (A quelques pharmaciens l'honorable exception, comme à quelques praticiens).

La mort de mademoiselle et monsieur Monnier, en huit jours, d'une fièvre cérébrale, celle de M. Pesant, l'affection du jardinier du bas des Chenevières (porte de la Liberté), celle du fils de l'adjoint, celle de l'hercule Morisot, celle du porte-drapeau, ah! voilà des faits qui décèlent, au sein du corps social, une haute trahison ; mais qu'entends-je? Déjà la tempête gronde ; déjà le torrent de la camarilla s'élève ; ses flancs se gonflent! Malheur à toi, téméraire ! bientôt tu seras enveloppé par ses vagues menaçantes ; mais les bases sont de marbre, le ciment d'airain, et l'édifice bravera leur courroux impuissant.

A vous, à vous tous qui souffrez, à vous, que la raison éclaire de ses flambeaux l'entrée du temple.

La famille du fils D*** étant fort répandue, la cruelle agonie du fils devait avoir de l'écho au sein de cette ville; en effet, le dernier soupir qui s'échappa de sa poitrine convulsive n'avait pas encore atteint ses lèvres, que déjà le docteur N*** voyait de ma plume couler les traits sanglants de la sombre et de l'inflexible satire. Oh! malheureux jeune homme, tu viens de succomber. La mort a saisi tes espérances, à cet âge heureux où l'homme commence à respirer le souffle embaumé de la vie. Oh! que je plains vos destinées, aveugles parens! votre expérience à celle des temps passés ; tout est perdu pour vous ; tout est triomphe pour vos bourreaux. Despotes implacables, parasites insatiables, tout est exploité, tout est enveloppé par ces vampires, à gorge de boa, à griffes de hyène ; la société, qu'est la société pour ces vautours de l'humanité? Un vaste cimetière où chaque période de la vie est un lambeau qu'ils allèchent, qu'ils saisissent, qu'ils déchirent, qu'ils dévorent. Les galères; les Constantin ; le héros dévastateur de notre époque. Oh! ce sont là de très grand criminels : la France, l'Italie, l'Allemagne, et toi aussi noble l'Ampicinado, tu as vu couler le sang de tes frères d'armes sur les champs de l'Ibérie; tu as vu l'Espagne en feu, ses jeunes filles éplorées échappant au massacre des villes saccagées, fuyant la fureur soldatesque ; mais ces grands fléaux de l'humanité n'apparaissaient qu'à certaines époques.

Que l'on compte le nombre des enfans qui meurent annuellement dans chaque campagne, dans chaque ville, que l'on énumère tous les pères de famille qui succombent au traitement et l'on arrivera à cette conséquence terrible, mais véridique,

que la médecine, les préjugés populaires et la pharmacie, détrui-
sent plus d'hommes que les guerres les plus sanglantes.

Mais quel pouvoir ont les larmes, les sanglots, les déchire-
mens de l'âme, les étreintes du cœur sur ces hommes endurcis
par le crime? Comme le tigre des déserts, dans le sang que fait
couler leur férocité, ils puisent un nouvel aliment à cette rage
de destruction qui a fait disparaître des familles entières! Tu as
vu, ô patrie des Guiton-Morveau, des Chaussier, des scènes
d'horreur! et tu n'as pas senti dans ton être égoïste le frisson de
l'indignation? tu ne t'es point écrié : Ah! c'est trop d'infamie!
quand la vengeance céleste fera-t-elle justice de cette race ven-
dalique?

Justice! justice! et justice encore au foyer du repaire. Ici
chaque quartier a son émir qui tient en éveil le corps sacré;
à certain cercle, certaines libations purgent de toute iniquité; le front serein des oracles d'Esculape en sort radieux,
le cœur ouvert de nouvelles espérances. Ici le fils suc-
combe et doit succomber à une conformation vicieuse de la
poitrine; notre collègue, le savant docteur ***, a traité par les
mêmes moyens mesdemoiselles *** ; elles ont également succombé! Que voulez-vous? c'est fâcheux pour votre sœur; mais
l'art, quoiqu'en débite l'impertinent équilibriste, a ses limites :
le charlatanisme les a-t-il franches? et cette assertion ou l'appui
d'un document précieux; « notre confrère de Selongey, vous
le savez, pense comme nous. » Oh! assurément votre collègue
devait penser comme vous, et comme vous il devait se justifier,
à dix huit ans! Y avez-vous réfléchi, à dix-huit ans c'était probablement l'âge de M. Monnier fils et de sa sœur. C'est pénible,
c'est cruel, de combien de terreur le cœur doit battre : demandez
à madame Verdeau ce qu'elle pense de ces médecins qui tran-
chent ainsi la vie au quatrième lustre? « Mon fils! ô l'assassin :
je ne puis plus supporter sa présence depuis qu'il a tué mon fils.»
Vous savez, M. le docteur, lorsqu'elle s'exprimait ainsi au beau-
père de M. Liotet (celui qui est mort il y a huit jours, mort
assassiné, et juridiquement assassiné), qu'elle parlait du médecin
de M. Monnier père, du médecin de M. Monnier fils, et du
médecin de mademoiselle Monnier sœur (1).

---

(1) Il y a des déviations du type normal de la cage pectorale qui ne sont
point pour nous l'expression d'une conformation pulmonaire en dehors du jeu
de fonction. Nous connaissons des personnes qui ont la poitrine fort étroite à
la base; d'autres très rétrécie à son sommet, et cependant et chez les uns
et chez les autres les poumons fonctionnent parfaitement : ce qui s'explique
par le développement du poumon dans les autres diamètres; ce que l'on doit

S'il était vrai qu'une conformation vicieuse, en admettant qu'elle existât (ce que nous contesterons dans l'instant), fût le prélude terrible d'une phthysie, combien d'hommes, à l'époque où nous vivons, seraient impropres aux travaux! combien d'hommes mourraient avant d'avoir atteint l'âge du jeune D***: voyez les organes; explorez les fonctions de ces hommes dont la constitution décèle une contrefaçon (1) dans le type naturel, il y a souvent énergie d'une part, et harmonie d'autre part ; nous connaissons et vous connaissez vous-même, docteur, puisque vous êtes le médecin de la maison, des personnes ainsi constituées, qui sont arrivées à l'âge de quarante, de cinquante ans, sans éprouver aucun des accidens qui caractérisent ce fantôme d'une intelligence idiotisée. Il y a, à la vérité, des personnes dont la capacité pulmonaire n'est pas suffisante pour admettre le sang qui doit aborder, séjourner dans les cellules sanguines, en un temps donné pour que l'enthlose s'opère. Qu'en résulte-t-il alors? c'est que d'une part le fluide artériel, toutes choses égales d'ailleurs, coule plus rapidement que dans l'état normal, et comme les contractions du cœur sont en rapport avec la vîtesse de la colonne pulmocordiale, les contractions sont en général plus violentes dans le cœur des personnes ainsi constituées qu'à l'état physiologique. Voilà pourquoi le cœur acquiert souvent les caractères pathologiques. L'hémathose étant incomplète, les organes ne trouvent point dans l'élément nutritif les conditions de la vitalité. Circonstance organique qui explique, l'état de maigreur qui se décèle dans la charpente; état qui est en rapport et avec la capacité pulmonaire et avec les contractions du cœur.

Le fils D*** (et nous croyons utile de signaler cette circonstance pour rassurer ceux de sa famille qui seraient atteints de son affection) présentait dans sa construction pulmonaire les caractères que nous avons assignés à la dernière hypothèse.

Il y a une vérité de tous les temps, qui passera d'âge en âge aux générations les plus reculées, c'est que le type des races ne se perd point ; il se modifie chez certains individus et apparaît dans d'autres avec cette physionomie d'identité qui permet de

admettre toutefois qu'il y a harmonie normale de fonction nonobstant les défauts de rapport dans les diamètres pulmonaires.

Dans ces considérations s'écoule cette assertion : Que l'on a tort de partir de ce point de vue : (la difformité) pour affirmer qu'il y a ou qu'il y aura phthysie pulmonaire.

(1) Nous présenterons au retour de nos voyages une série de mémoires sur cette partie si intéressante de l'histoire naturelle.

collationner les traits d'un germain issu d'un Hun, d'un Alain , avec les portraits que nous ont dessiné les grands historiens contemporains des excursions de ces peuples.

Il y a en général deux grands types de constitution essentiellement distincts; l'une (celle des Huns), présentant la face large, formant avec le crâne un quarré assez régulier : les traits sont raccourcis ; l'œil est rond saillant, souvent projeté hors de son orbite ; les sourcils sont fortement arqués, quelquefois ils se réunissent à leur extrémité nasale, ceux-ci ainsi que l'œil sont sur le plan horizontal; les oreilles sont larges, et épaisses, la circonférence bombée; le nez court, épathé; sur la pointe une saillie se dessine ; les narrines sont ouvertes, déprimées devant en arrière, quelquefois échancrées; la bouche également courte; les dents larges, couvertes de tartres; les lèvres épaisses, souvent blafardes; le menton rond, souvent une fossette au centre. La distance de la base du menton à la lèvre inférieure excède les proportions ; l'haleine forte ; le cou est court, épais; le corps trapu; les muscles très développés, surtout dans le torse dont les proportions avec les extrémités ne sont pas toujours exactes; les pieds sont larges; des taches rousses s'y dessinent; le corps exhale de l'odeur. Les traits de l'Allain contrastent avec ceux-ci; le front en général est moins développé dans ses divers diamètres; les yeux sont beaucoup plus développés dans le diamètre longitudinal que dans le traversal; ils occupent une dimension intermédiaire entre le plan horizontal et le plan vertical; l'angle externe, au lieu de se diriger vers le centre de l'oreille comme chez les Huns, tend à aboutir à l'extrémité supérieure de la conque; la projection nazale est considérable; le nez est effilé au centre du diamètre longitudinal et il existe une proéminence; la bouche est grande; les dents belles, très-régulières; le menton saillant, effilé; la figure présente un ovale, les proportions sont régulières.

Passerons-nous sous silence les désastres de la société opérés par les ministres de l'art sous les yeux d'une aveugle autorité qui devient complice de ses crimes en leur accordant sa protection, en élevant aux honneurs du professorat leurs auteurs.

Que faites-vous, M. le préfet, MM. les maires, MM. les adjoints, MM. les membres du conseil municipal et départemental, des agens de la police? Quel est et quel doit être leur rôle dans une ville bien administrée, c'est-à-dire administrée dans l'intérêt de tous et surtout de l'amélioration, de la consolation d'une classe d'hommes qui sert de marche-pied à ces intrigans qui, tout en la séduisant par un extérieur brillant, l'entraînent à sa destruction; soit ..., soit .....ie de votre part, vous êtes coupables de lèze-humanité envers la société, en abandonnant à la rouille des ressorts qui contribueraient à l'action des grands rouages de l'administration.

Il y a deux agens de police par quartiers, qui sont, je crois, en rapport avec toutes les personnes qui habitent ces divers quartiers. Hé bien, ne pourrait-on pas déposer chez chacun d'eux un registre où chaque médecin appelé par l'un des malades de ces quartiers inscrirait le nom, l'âge, la nature, la longévité, le siége de l'affection; les circonstances morales, physiques, qui ont produit, qui entretiennent la maladie; le siége et la durée d'action des agens thérupeutiques ; leur résultat, soit immédiat, soit médiat, soit primitif, soit consécutif. On n'oublierait pas de noter également la position du malade (cette circonstance me paraît de la plus haute importance), afin que dans le cas où il aurait besoin de secours, on les lui administrerait à l'instant. Des conseillers (et de philantropes, d'éclairés conseillers) délégués par le corps, feraient un rapport au magistrat supérieur des traitemens employés ; leur succès, leur insuccès. Je voudrais même que l'on signalât la conduite du médecin envers son malade.

En parlant de la classe ouvrière, de celle qui réclame de prompts secours, je ne vous oublierai point, jeune et intéressante demoiselle; vos douleurs ont blessé trop profondément mon âme : martyre de l'art, vous devez ressusciter par la science et vivre pour elle; trop long-temps vous avez éprouvé les rigueurs de son impassible stupidité; trop long-temps votre frêle organisation a plié sous le joug de ce despotisme insolent, qui écrase le malheureux du parquet de l'opulent, qui l'étouffe de son baume, qui le noie de ses drogues. Ecoute, écoute encore, peuple, celui qui a sauvé tes frères lorsqu'ils avaient déjà un pied dans la tombe; écoute, il sera ton rédempteur ! si tu le lis, tu seras le Sauveur de ta famille. Pour toi, un livre paraîtra: pour toi, il sera clair et court : à ton intelligence vingt pages dévoileront les erreurs de tous les siècles passés : à ses méditations, vingt pages seulement t'indiqueront ce que tu dois substituer au fatras des temps.

Entraînés par ces considérations de généralité, nos regards s'éloignent de la scène.

Il est fâcheux qu'on n'ait créé que neuf chaires à la faculté de Dijon. MM. les docteurs Camus et Fouras étaient bien dignes de venir siéger à côté des professeurs Sedillot et collègues. Comment! messieurs, vous qui êtes leurs frères par l'art, tous homéopathes par l'intelligence, vous avez éliminé de votre savante enceinte deux savans admirables, oh ! vraiment c'est

une barbarie contre laquelle le progrès se révoltera : barbare!
et leurs productions qui les léguera à la postérité? L'auteur de la
théorie des attractions et répulsions vitales déchire le voile
immense derrière tes impostures.

Madame Bauvray de la rue Saint-Nicolas, son mari, son gendre, tous trois moururent, et moururent de la main du même
médecin, et la même année. D'après ce que l'on a dit du fils
Dargenviliers, ce que l'on a dit de M. Baudiot, ce que l'on a dit
de Lebachelier, ce que l'on a dit des huit enfans de M. Leche-
valier, contre de telles conformations, contre de tels excès que
voulez-vous que l'art opère?

La mort d'un homme de bien est une calamité publique.
Lorsque nous fûmes appelés à donner des soins à notre honorable
ami, M. Boudot, il souffrait depuis longues années d'un athsme
qui le tourmentait beaucoup; ses digestions étaient accompagnées de dégagement de gaz qui avaient tantôt l'odeur des alimens, tantôt l'odeur acide; dans les derniers temps il avait des
romiturations; c'est dans de telles circonstances qu'il fut bruta-
lement expulsé des fonctions qu'il avait rempli avec autant d'activité que de sagacité. Depuis ce moment cet excellent citoyen
qui avait un caractère très gai tomba dans une mélancolie profonde, qu'aucun sujet ne put distraire.

Déjà quelques mois s'étaient écoulés depuis que j'eus le bonheur de me lier à ce savant distingué qui avait passé cinquante
années de sa vie à des recherches dont on a eu la lâche infamie
de méconnaître l'importance; lorsqu'il fut attaqué avec violence
par la sur-excitation des foyers que j'ai signalée; comme j'explo-
rais les fonctions zône par zône, pôle par pôle, axe par axe,
M. Boudot appela notre attention sur deux phénomènes extrêmement remarquables et qui devaient être d'autant plus pris
en considération que de leur existence découlaient des indications précieuses; nous en parlerons en esquissant leur siége.

Explorant attentivement l'axe antero-crano-jugulo-facial,
je n'aperçus d'anormalité que dans les zônes buccales de
son pôle intérieur; l'organe rotateur était couvert à son
centre d'une plaque épaisse, sèche, divisée transversalement
par dés lignes qui venaient aboutir à la circonférence qui était
d'un rouge carbone; le rempart buccal était également couvert
d'une couche brunâtre; le palais était sec et aride; la secrétion
des glandes était gluante; l'altération était incessante. Dans le
pôle extérieur nous remarquâmes la contraction des traits, la lividité de la peau.

Le balancier médian, exploré dans les zônes de son pôle
viscéral, offrait des caractères anormaux importants à si-

gualer; des gazes nombreux s'échappaient avec difficulté; l'estomac était balonné; une douleur sourde contusive partait de la région pylorique; les alimens que le malade prenait d'ailleurs en très petite quantité n'étaient élaborés qu'en partie; la poitrine se prêtait difficilement au développement de l'estomac. Quant à la situation du pôle extérieur médian, nous observâmes les traits pathologiques que nous noterons en parlant du pectoro-appendixal. La contraction de ses muscles était lente, mais moins douloureuse.

Le pectoro-crano-appendixal dans les zônes intérieurs fonctionnent convulsivement; la respiration était sibilante; le cœur se contractait avec violence; les crachemens étaient sanguinoles, rares, leur ascension douloureuse; les artères du bras droit battaient et plus rapidement et avec plus d'intensité. L'anormalité du pôle extérieur se dessinait à la peau par l'aridité brûlante, par les douleurs lors des contractions des pectoraux, inter et sus-costaux; les bras offraient un sentiment de contusion.

L'axe pelvi-appendixal dans les zônes de son pôle intérieur étant examiné, nous remarquâmes que les matières étaient bouletées, couleur chocolat; elles n'étaient expulsées qu'à la faveur des lavemens, et lorsqu'ils étaient réitérés plusieurs fois à peu d'intervalle; les urines étaient rendues en très petite quantité : à partir de la région des lombes, tout le torse et les extrémités abdominales présentaient une température glaciale; contraste d'autant plus frappant avec les régions supérieures que celles-ci étaient brûlantes; les muscles d'ailleurs en se contractant faisaient éprouver un sentiment également pénible.

De cet ensemble de symptôme, dont les uns (ceux de répulsion) contractaient avec les autres (ceux d'attraction) décèlaient des indications également divergeantes, également d'attraction et de répulsion. Mon excellent, mon estimable ami, avait un esprit trop pénétrant pour ne l'avoir pas compris; aussi s'empressat-il, comme je le mettais sur la voie des antécédens, de me signaler une irruption postero-pectorale qui occupait la surface périphérique homoplatienne, ainsi que d'une diminution de température dans les extrémités.

Quatre sang-sues furent placées aux attractions médianes, ainsi que sur chacune des pectorales, et au même instant les répulsifs devaient déployer leur action sur les surfaces de réverbération répulsives; ce traitement étant continué quinze jours consécutifs, toutes les fonctions rentrèrent dans l'ordre normal; et nous jouissions du bonheur d'avoir rendu à la société un homme organisé pour en être le modèle, comme la tourmente morale après un mois d'assauts replongea M. Boudot dans l'état où nous l'avions trouvé.

(59)

Le même système de traitement fut appliqué à cette affection : à l'instant tous les simptômes qui accusaient l'acuité de la maladie s'effacèrent, et la maladie prit le caractère chronique , tout en se dilocalisant ; tout en s'exhalant. La langue qui, comme à l'époque de la première insurrection, était couverte d'une couche brunâtre, fut découpée transversalement au centre ; sèche et extrêmement rouge à l'extrémité, devint, à la seconde application attractive, humide, et la teinte carbone et la plaque brunâtre disparurent graduellement en huit jours ; toute la cavité buccale donnait les plus grandes espérances de guérison ; les renvois étaient moins nombreux ; l'appétit commençait à se dessiner, l'altération à tomber, le sentiment de pesanteur pylorique à être moins sensible, moins prolongé ; les matières fécales furent nouvelles, et quant à leur teinte et quant à leur consistance et quant à leur impression ; pendant une quinzaine de jours , le rale qui s'était manifesté plusieurs jours de suite, de même que l'accélération d'action pulmonaire avait disparu ; il n'existait plus qu'un mal-être général, un affaissement organique. Cet état de chose durait depuis huit jours, lorsque M. Boudot, en voulant changer de position, ressentit dans toute la région abdominale une sensation douloureuse, qui s'augmentait de beaucoup par la pression quelque légère qu'elle fut. Les répulsifs suffirent pour dominer, puis éteindre celle incendie. Le troisième jour, la pression pouvait être pratiqué avec la plus grande innocuité ; mais le quatrième jour de calme, le malade, en urinant, éprouva une violente cuisson dans le canal et dans toute la surface de la vessie ; confiant dans les résultats obtenus, nous combattîmes cette détonnation avec un égal succès ; cette fois encore par les répulsifs.

A ce calme instantané succédèrent des glaires qui furent abondantes et extrêmement filantes ; en les expulsant, M. Boudot fit des efforts d'une violence extraordinaire qui l'abimèrent beaucoup. L'allimentation par le rectum, les répulsifs et les attractifs dirigés sur l'attraction médiane les calmèrent d'abord , puis les firent disparaître. Les quinze derniers jours qui précédèrent sa mort, il prenait tous les jours quatre soupes qui qui étaient digérées. Ces projections irritatives qui procédaient uniquement de l'affection cérébrale, étant détruites, la concentration morale devint d'autant plus puissante que nous ne pûmes, quels que furent nos efforts, rappeler l'éruption comme nous l'avions pratiquée lors de la première invasion, et cependant il restait une chance de succès qui devait nous permettre quelques espérances, c'était celle déduite de l'équilibration de température périphérique que nous étions parvenus à établir, à fixer sur les diverses régions cutanées : M. Boudot se trouvait parfaitement; il n'existait plus de rale, plus d'altération, mais le malade était tellement absorbé, qu'il ne répondait le plus souvent plus aux questions qu'on lui adressait.

Du même jour, à la même heure de la troisième semaine, mademoiselle C*** fut rejoindre au lit de repos son frère, frappé comme elle d'une affection de poitrine. C'est le quatrième des enfans que leur mère infortunée a vu périr en quelques années. Quelle est donc cette maladie si désastreuse qui, comme le choléra, n'a laissé que des cadavres partout où elle a sévi? Avant la famille Dargenviliers, la famille Petit, et tant d'autres, furent traitées et périrent; ces désastres ne procèderaient-ils pas davantage du mode de traitement que de l'affection elle-même? La solution de cette question me paraît trop intéresser la société pour négliger de la produire.

On a dit, et ce langage a eu de l'écho aux écoles (voyez les traités de pathologie, nos visites aux hôpitaux), que cette maladie était organique, et comme telle, quelle que fût la méthode, elle avait droit à des holocaustes, et déjà son mari avait succombé à une maladie que l'on crut être de même essence, ah! elle est organique assurément. Est-il une seule affection qui ne soit point organique; est-il une seule affection qui ne procède pas d'un agent, d'un moteur et d'un mobile : (l'organe) que l'agent agisse soit à l'intérieur soit à l'extérieur; (l'air) qu'il frappe à l'extérieur comme agent compressif (des corsets); qu'il résulte d'une délocalisation d'irritation (des végétations cutanées, des irritations articulaires) ; de l'accélération de la colonne sanguine, comme on l'observe chez les coureurs, les chasseurs qui poursuivent le gibier dans des terrains humides; les personnes qui occupent des habitations élevées : il faut toujours distinguer l'essence du moteur, son intensité et les fonctions du mobile : voilà tout le secret ; voilà l'art; mais qui a compris l'enchaînement du moteur au mobile, du mobile au moteur : M. le professeur Neig***, répondez : sont-ce les homéopathes? sont-ce les électiques? sont-ce les broussaïstes? est-ce vous-même? Et au lit de mademoiselle Darg***, que vous avez vu, cette harmonie divine, qui surprit d'admiration M. Boudot ? qui arracha de son fauteuil cette jeune ouvrière? qui pendant trois mois y passa de cruelles journées et de longues veillées ? qui rendit aux enfans de votre malade expirante une mère jeune et vigoureuse? Est-ce M. Violet, de la Ferme-de-Magny ? il y avait cependant chez lui une puissance de réaction énergique, et, au lieu de lui imprimer une direction favorable, vous l'avez éteinte. Je ne poursuivrai pas plus lon-gtemps cette longue chaine d'infortunes qui m'entraînerait loin de mon sujet. Des habitations, vous en êtes, messieurs les professeurs, le mauvais génie; voyez la famille Darg***, vous lui avez laissé pour toute consolation un seul rejeton.

A vingt-deux ans elle a vu tout disparaître, tout s'anéantir; passé, présent, avenir; tout n'a été pour elle qu'un rêve affreux, qu'une cruelle déception: comme l'oiseau du désert elle s'est enfuie de ces climats de désolation; à vingt-deux ans, vous avez exposé cette intéressante victime à toute la fureur d'un art, d'un art féroce. Vésicatoires, saignées, sétons, sang-sues; elle a payé tribu à tous les systèmes qui ont grandi de l'ignorance d'une révoltante indifférence. Pauvre fille! que tu as dû souffrir! Pauvre fille! combien ton âme a du être oppressée quand ton frère te donna le baiser d'une nouvelle année, d'une année qui devait être si courte pour toi, si douloureuse pour tes amis! Hélas! tes paupières ne se r'ouvriront plus à la douce clarté des rayons de l'astre des nuits; le printemps ne vivifiera plus tes espérances; comme la fleur qui s'embellissait de tes charmes, tu as été détachée de cette terre; comme elle, le même jour te vit naître et mourir.

Dans une promenade que je fis près d'un cimetière, il me vint à l'idée d'en parcourir les contours ombragés, de fixer mes regards sur les inscriptions; je m'arrêtai près d'une pierre tumulaire sur laquelle on avait buriné cette épitaphe : « regrets et douleur »; et tout près j'aperçus un billet plié que j'eus la curiosité de développer; on y lisait : « Je viens pleurer avec vous votre fille chérie; cet ange de bonté; cette fille céleste qui n'a fait que passer sur cette terre pour y briller de l'éclat de ses vertus. Hélas! combien elle fut aimable! de la beauté de ses yeux s'échappait tout un avenir de bonheur. »

L'homme a été placé sur la terre pour y être heureux; pour y jouir de toute la félicité que sa courte carrière peut embrasser. Pour l'homme qui aime son pays, pour l'homme qui s'aime soi-même, la félicité n'est point la possession de l'or; ce n'est point celle des décorations, ce n'est point celle des titres; sa félicité à lui est toute intérieure, toute dans son âme, toute dans sa conscience; être heureux pour lui, c'est avoir des affections, c'est posséder la conviction de ses bienfaits envers la société. Pour lui il est une loi, une loi unique, une loi qui devrait servir d'union à l'universalité des nations; cette loi implique l'obligation à tout citoyen de se conduire envers ses semblables de telle sorte que la société lui soit toujours et à chaque instant de sa vie, redevable par l'échange qu'il a contracté avec elle. O généreux Brutus, ô Caton, ô Décius, ô vous tous qui périrent pour la liberté, vous avez offert l'exemple d'une soumission sans borne à cette loi qui fit de Rome la maîtresse du monde. Si tout citoyen se doit, à tous les instants de la vie, à son pays, n'est-il pas des pro fessions qui rendent les hommes, qui les exercent, plus esclaves de ce dévoûment : le médecin, par exemple, lorsqu'il est revêtu de la confiance publique, lorsqu'une mère de famille lui dit : « Monsieur, je vous ai fait appeler; mon fils et ma fille sont souffrants; ils éprouvent les simptômes de l'affection qui a enlevé leur père à la fleur de l'âge; donnez-leur tous vos soins; ils sont si bons pour moi, la seule crainte de les perdre m'afflige; » oh oui, cette pensée est affligeante; elle terrorifie l'âme, elle blesse le cœur. Si on réfléchissait davantage à cette vérité hideuse que le docteur des enfans a balayé comme le docteur du père, la poussière de ces amphythéâtres où le professeur du docteur Neigeon a succédé au professeur du docteur de Selongey ; et de ces amphythéâtres depuis leur création jusqu'à l'empire, sous l'empire comme sous la restauration un seul principe consolateur y a-t-il été professé? Oh! non, les mêmes erreurs y ont été semées, recueillies jusques à nos jours : que le docteur Naigeon m'offre le détail du traitement de mademoiselle Caroline et de celui de son frère; que le médecin de Sélongey me fasse parvenir celui du père, et je vous établirai le parallèle et de ce parallèle vous en conclurez comme moi que M. Naigeon a eu tort de répondre à la confiance de la mère, et de plus que tout ce qu'il y a d'académicien Dijonnais, de professeur à la faculté de Dijon, sont coupables de lèze-humanité à dater de la publication de mes pamphlets.

Comme j'étais absorbé par des souvenirs déchirans, j'entendis le roulis des gonds; j'élevai la tête pour me replonger plus profondément dans ma douleur; (Oh! mon ami Boudot! quand on a connu un homme tel que toi, quel malheur de le perdre ! quel vide, dans la vie, en l'abandonnant, il y laisse!); une ombre s'avançait lentement sur mon manuscrit : après quelques pas elle s'arrête; frappé d'étonnement, l'effroi dans le cœur, mes regards dans ses regards se heurtèrent : enveloppé dans son manteau il reposait sur le dos d'un fauteuil; sa figure au teint hâve, au front élevé, aux tempes décharnées indiquait les traces d'un chagrin qui n'avait pas été vulgaire : « Vous connaissez, docteur, l'agitation du cœur humain; vous l'avez étudié dans tous ses orages; vous avez sondé toutes ses plaies : cicatriserez-vous celles qu'ils ont faites au mien. Oh! non, l'art brise toujours le moral et jamais ne le guérit. Elle était dans cet âge heureux où tout sourit, où la nature n'est qu'un printemps sans origine, sans fin, qui embellit la vie; toujours jeune, toujours fraîche, toujours à son aurore; elle tomba malade; ses langueurs à l'oracle de votre art perfide furent méconnues,et, après deux ans d'angoisses, elle mourut en épuisant dans une agonie de quinze jours les restes de son existence. Depuis le coup terrible qui m'a frappé, il y a deux ans, j'ai cherché par toute la terre une distraction à ma douleur, et partout j'y ai retrouvé l'image de mon amante, partout j'y ai retrouvé l'écho de mon Adèle. Les vandales! j'allais te tendre la main et déjà l'éternel t'ouvrait les portes du ciel ». Puis comme une apparition il disparut... Qu'il m'a fait de peine! Ah! combien ses tourmens ont retenti dans mon âme!

Les préjugés ont été de tous les temps l'arme la plus puissante, le stratagême le plus fécond entre les mains du charlatanisme; vous succombez à une affection pectorale; votre père en portait déjà le germe, car il a succombé à une affection également pectorale : mais le père, avant d'avoir contracté cette affection à laquelle il succomba, avait eu plusieurs catharres, qui tous furent négligés ou mal traités; mais le père avait éprouvé des secousses pectorales, des douleurs violentes; mais le fils avait la poitrine proportionnellement développée; mais le fils était arrivé à seize ans, exempt d'aucun des simptômes qui caractérisent cette affection; mais le fils fut traité deux ans par un traitement banal, absurde; mais vous avez conseillé au fils l'équitation. L'avez-vous expérimenté par vous-même et, de génération en génération, vous étiolez tellement l'espèce, que le frère étant atteint, les sœurs sont saisies de terreur. Admettant cette hypathose, ne devient-il pas urgent d'arrêter les affections à leur origine : vous avez sacrifié le fils, autorisez-moi à sauver la demoiselle. C'est assez de mademoiselle Monier, mademoiselle ne doit point payer un nouveau tribut, trop de vengeance s'accumulerait sur votre tête.

Déjà une nuit de douleur commmence; de ses sombres voiles elle protège la marche d'une mère éplorée qui s'avance à la faveur d'une lueur sépulcrale; de ses bras elle enlace une jeune fille; quelle pâleur règne sur son front, sur ce front de vierge combien de cicatrices! Voyez ces stigmates de l'art, et sa démarche, qu'elle est chancelante; quelques pas encore et cette beauté ne sera plus qu'un cadavre! Et tu venais, imprudent enfant, à cette source empoisonnée éteindre le feu qui dévorait tes entrailles.

Quel aveuglement! quel pouvoir irrésistible ont sur toi les préjugés! Et votre cœur n'a pas battu de terreur; et vous n'avez pas senti vos jambes fléchir sous le poids de cet horrible

souvenir! souvenir de tous les momens de votre existence.
Mercredi (11 avril), votre cabriolet était en station devant la
maison; et ces lugubres fenêtres n'ont point ébranlé vos convictions; et vous n'avez pas éprouvé le frisson de l'effroi.

Un homme du peuple, le cordonnier de la rue, a succombé
à une hémorragie violente; l'instant de la rupture du vaisseau
a été celui de la mort. Quelques secondes ont suffit pour remplir de sang un vase de nuit.

Les circonstances pathologiques, le plan de traitement qui a
été employé, nous engagent à nous livrer à quelques considérations que nos collègues apprécieront.

Depuis deux mois, cet homme, d'une constitution délicate, que
ses rapports de profession exposaient à de graves accidens, contrac-
tacté une inflammation de poitrine qui fut traitée par M. Camus, par les emplâtres de pommade stibicée, promenés sur
toute la partie antérieure de la poitrine; ce système de traitement avait irrité et devait irriter d'autant que cette substance
excitante était déposée sur des centres qui sont en dehors du domaine des attractions de l'axe postero-crano, pectoro ap-
pendixal, dont les appareils dépendaient. Le jour où nous
fûmes appelés, la démarche du malade était chancelante; son
teint pâle, livide, ses yeux caveux, ses lèvres bleuâtres, la
bouche ardente; la soif était habituelle, la poitrine haletante,
se soulevant par mouvement de totalité. L'empectoralien était
difficile; la toux s'opérait par secousses. En présence de tels
accidens, nous nous hâtâmes de supprimer l'excitation qui avait
coopéré à cette grave situation anormale; les répulsifs directs, les attractifs déposés sur les attractions correspondantes,
améliorèrent tellement sa position, qu'au huitième jour nous
cessâmes de voir le malade. Le soir du troisième jour que nous
cessâmes nos visites, on vint à toute hâte nous apprendre que
le malade, à la suite d'un repas copieux, perdait tout son sang.
A notre arrivée il était étendu.

A quel organe appartenait le vaisseau dont la rupture avait
été l'occasion de cette hémorragie foudroyante? M. Camus a
prétendu que c'était le cœur. Je sais que son amour propre
était intéressé à établir cette supposition gratuite : quand elles
procèdent de l'expansion de la rupture de cet organe, il y a eu
pendant la vie des accidens qui accusent cette tendance, et
M. Camus les a-t-il observés? Et d'ailleurs si telle avait été la
position du malade, nous n'aurions pas obtenu une rémission si
prompte des accidens en si peu de temps.

Lorsqu'une inflammation bronchique a existé depuis long-
temps, qu'elle a été fomentée par des excitantes externes con-

stamment incessantes, elle marche rapidement vers la désor
ganisation ; l'ulcération ne tarde pas à s'y établir, à ronger les
tissus de prédilection, et d'autant plus rapidement que l'ex
citation externe fomente davantage l'interne. Si dans un tel
concours morbide une main habile renverse, réédifie un nouveau plan de traitement, en harmonie avec la tendance impul-
sive des trames envahies ; oh ! alors les trames se dégagent de
l'oppression irritative; les fluides, qui étaient enchaînés, obéis-
sent à leur attraction et répulsion respectives. Oh! alors l'organe
reçoit normalement le contact de l'agent provocateur de sa
fonction. Oh! alors celle-ci rentre dans le cercle de ses attributs. Oh ! alors la vie s'embranche dans toutes les directions.

J'ai l'habitude d'écrire ma pensée sur des feuilles volantes
qui sont détachées de ma table à l'instant où elles sont remplies.
Quand ma pensée est orageuse mon imagination s'électrise, mes
idées fluent rapidement ; et d'un sujet je passe à un autre sans
colleter mes feuilles manuscrites : de là cet embranchement,
cette transaction d'ordre que le lecteur remarquera dans ce
pamphlet, surtout à la lettre adressée à M. le docteur Laville
de Laplaigne.

Monsieur,

Je m'empresse de venir vous remercier des soins tout parti-
culiers que vous avez eu la bonté de donner à ma femme, et
dont je vous suis bien reconnaissant. Grâce à eux, je l'ai re-
trouvée en bien meilleur état, et j'espère qu'en suivant le traitement que vous lui avez prescrit, et auquel elle s'astreindra
très rigoureusement, elle recouvrera bientôt la santé. A la suite
de couches, elle a eu les hémoroïdes d'une manière effrayante :
on les lui a fait passer, mais difficilement, à l'aide de sangsues
et de bains de siége. Sa santé alors s'est améliorée au mois d'octobre. Un an après ses couches, elle a eu des pertes en blanc qui
ne l'ont pas quittée : on a essayé de les faire passer au moyen
d'injections d'eau de lin, de quinquina et puis de vin chaud.
Ces injections n'ont pas produit grand effet. Ces pertes ont occasioné une grande maigreur et ont diminué l'appétit. Cependant, il y a trois semaines, sa santé, quoique faible, était assez
bonne, lorsqu'il lui est survenue une perte en rouge qui a duré
24 jours, et qui lui a occasioné un dégoût sur toute espèce de
nourriture, à part la soupe. A la suite de cette perte, ses seins

se sont engorgés, et dans ce moment ils sont d'une dureté effrayante.

Le 18 avril 1837, je fus attaqué par un violent mal de gorge ;
et les emmolients qui me furent ordonnés firent disparaître les
maux de gorge, mais les reins restaient toujours affectés; puis
le besoin d'uriner se fit souvent sentir, et me faisait éprouver
des douleurs aiguës lorsque les dernières gouttes arrivèrent ;
les emmolients furent de nouveau ordonnés, et ne firent qu'aug-
menter le mal. Alors j'eus recours à M. Blagny, qui me fit appliquer six sangsues que je mis au bas-ventre ; ayant mal compris son ordonnance qu'il m'avait donné oralement, alors la
séquestration des urines fut complète, et quelques gouttes qui
sortaient du canal avec de grands efforts, produisaient dans le
corps et dans la verge l'effet du vitriol. M. le Docteur fut appelé, et après avoir reconnu mon erreur, fit une nouvelle application de sangsues, mais sur les attractions comme il le dit,
deux heures après j'urinais abondamment et presque sans
douleurs, je mis des cataplasmes sur le ventre pendant quelques
jours et la guérison s'opéra. Le docteur Blagny m'a guéri aussi
l'année dernière, d'une gastrique, qui me tourmentait depuis
1828 sans relâche; la maladie était telle qu'en 1836, époque où
j'eus le bonheur de faire la connaissance du docteur, je n'allais
plus à la selle que trois ou quatre fois par mois, et l'appétit
était presque nul; alors M. Blagny se mit à l'œuvre, et dans
l'espace de dix jours je recouvrai la santé.

EFRAHEM,

demeurant à Dijon, rue Porte-d'Ouche.

Vous me demandez, monsieur, des détails sur la maladie qui
m'est survenue il y a quelques mois et sur le traitement employé
par M. Blagny pour me guérir, je vais tacher de vous satisfaire :

En septembre dernier il me survint une irruption sur tout
le corps, sous la forme de petites pointes d'épingles : elle me
causait une démangeaison épouvantable ; je ne pouvais dormir,
je me mettais en sang; on me conseilla les bains de Barége ; j'en
pris plusieurs, et en effet, l'irruption parvint à sortir extérieu-
rement et se forma en plaies assez larges; mais la démangeaison
était toujours la même; les bras, le bas-ventre, les cuisses et les
jambes en étaient principalement le siége ; mes jambes même,
que vous savez être fort menues, s'engorgèrent et devinrent
énormes, cela m'inquiétait beaucoup. M. Blagny me conseilla

de ne pas retarder si longtemps un traitement ; mais je craignais d'être obligé d'interrompre mes occupations, et je ne faisais rien ou peu de chose ; enfin, au commencement de cette année, j'éprouvai un soir une démangeaison si intolérable, que je croyais en perdre la tête. Je priai M. Blagny de vouloir bien me soulager ; il me mit de suite quelques cautères (d'après sa méthode), je me couchai une heure après, je ne souffrais plus, et je dormis comme je ne l'avais pas fait depuis longtemps ; je me déterminai alors à suivre un traitement régulier.

Il me plaça quelques cautères en différentes parties du corps, en tout cinq ou six, que je laissai quelques jours et remplaçai par d'autres ; dans deux ou trois occasions où l'intensité du froid prolongé de cet hiver, m'a rendu plus malade, il me fit appliquer quelques sangsues, deux ou trois au plus. Il me fit comprimer mes bras et mes jambes avec des bandes pour couvrir les plaques qui y existaient. Quand l'inflammation était plus forte, j'y plaçais des cataplasmes de pain et de lait. Car il ne faut pas vous figurer que tous les jours se ressemblassent. Je me trouvais bien pendant quelque temps ; puis dans un moment, il me survenait une enflure, soit à la face, soit dans toute autre partie. Je vous en donnerai une idée par deux circonstances dont je me rappelle :

Un jour le mal se porta sur les parties génitales, l'enflûre était énorme et me causait beaucoup de douleur ; j'envoyai prier M. Blagny de passer à la maison : il me plaça deux sangsues, et une heure après l'enflûre avait disparu. Un autre jour, à cinq heures du matin, je me réveillai ayant les yeux presque fermés, et la figure entière enflée, au point d'en être méconnaissable ; j'avais des affaires qui ne pouvaient se remettre. Il fallait aller à neuf heures à mon bureau. M. Blagny me plaça deux sangsues et deux petits cautères, et à neuf heures je pus en effet sortir : tout avait à peu près disparu, et le soir il n'y paraissait plus.

Petit à petit, Monsieur, et sans que j'aie souffert, par les moyens que je vous ai détaillé ci-dessus, mon mal s'est anéanti, ma peau est aussi unie qu'elle l'était précédemment ; je n'éprouve plus de démangeaisons, je n'ai plus d'enflûre aux jambes, enfin j'ai recouvré totalement ma santé.

J'oubliais de vous dire que souvent pendant ma maladie j'éprouvais des démangeaisons aux jambes, un moment après il y survenait des boules remplies de lymphe, grosses comme des noisettes ; quelquefois elles acquéraient les dimensions d'une noix et même plus, qui crevèrent, séchaient et étaient remplacées par d'autres. La compression et les cautères en ont fait justice.

Vous me demandez ce que j'ai pris intérieurement, rien, monsieur, rien absolument : j'ai continué de boire et de manger, de boire même du vin et de l'eau-de-vie comme à l'ordinaire (vous savez que je n'en abuse pas); mais enfin je n'ai changé en rien mon régime de vie. Aussi mon estomac est-il dans le même état qu'auparavant. Je désire que ces détails puissent vous être agréables.

A DEBAYS.

Étant atteint d'une irritation des plus violentes, aux parties supérieures de la tête, communiquant à la gorge, à tout les organes de l'estomac, de la poitrine et du ventre, ce qui m'exposa en quelques heures à la fièvre la plus ardente, je fis appeler M. le docteur Blagny, qui me fit immédiatement et par ses soins une première application de sangsues, puis une seconde le soir, avec la recommandation de ne point laisser couler les sangsues.

Le 14 au matin la fièvre s'était ralentie, mais les douleurs aiguës se faisaient toujours sentir très violemment dans les organes quelles occupaient. De nouvelles applications furent faites, et toujours sans écoulement ultérieur, et toujours accompagnées de cataplasmes emmoliens sur la gorge; et le 15 au matin la fièvre avait cessée. La violence et l'irritation s'étant portées aux membranes de l'estomac et aux intestins, M. le docteur Blagny ordonna des cataplasmes qui furent placés sur le creux de l'estomac, et, en fort peu de temps, le ventre reprit son cours et l'irritation disparut; mais voulant combattre, dans tous ses retranchements, l'espèce de douleur rhumatismale qui n'occupait plus que la partie supérieure de la gorge, et la faire disparaître complètement de la verge, M. le docteur Blagny y réussit complètement, et une application qu'il fit la nuit, détermina la libre circulation de la salive ; des tisanes furent ordonnées, et me rendirent de suite la parole.

Le 16 au matin, l'irritation de la gorge avait disparu définitivement, un léger potage au *Tapioka* fut ordonné, différentes applications furent faites à diverses heures de la journée, et le soir la douleur de la tête cherchait à se délocaliser. M. le docteur Blagny fit une dernière application de sangsues à dix heures du soir, ordonna les cataplasmes accoutumés, la nuit fut bonne, procura cinq heures d'un sommeil doux, paisible, et sans le plus petit accès de fièvre.

Le 17, au matin, le malade était valide, et tous symptômes de maladie avaient disparu ; sous la rigueur extrême de la saison, *bien comme à cette époque*, une convalescence de quatre jours eut suffi pour mettre le malade à même de vaquer à ses affaires ; mais elle n'a été prolongée *toujours pour le motif déduit ci-dessus.* Jusqu'au 29 , où le temps s'était radouci, il permit au malade de se livrer à ses occupations habituelles.

Je me plais d'autant plus à rendre justice à la supériorité de la méthode de M. le docteur Blagny, que dans le courant de l'été dernier, il traita pendant un mois environ, ma petite fille, âgée de 11 ans , atteinte d'une violente palpitation au cœur depuis cinq ans , et traitée antérieurement par des saignées du bras et par des sangsues placées sur le cœur. Elle fut complètement guérie, sans aucun retour de cette affection (1).

La vérité partant de toutes les bouches ; la vérité circulant dans toutes les oreilles , telle doit être la voie des relations de tout système d'organisation sociale.

D. BLAGNY.

Monsieur le chirurgien-dentiste ,

Ou votre relation a été traduite infidèlement en circulant de bouche en bouche , ou votre organe pensant sommeillait lors de notre commérage sur l'école secondaire de Dijon, et le dentistisme appliqué au complément de l'éducation médicale : afin que les parties intéressées puissent porter un jugement éclairé sur l'objet de notre intéressante discussion , je rétablirai les faits dans toutes leurs intégralités.

Et d'abord vous avez été constamment en dehors de la discussion qui devait être savante, logique, puisqu'elle embrassait une question d'un haut intérêt de cité, et qu'elle était agitée par un savant très-compétent, par un dentiste, par un chirurgien.

En m'abordant (et cet aveu fait partie de vos habitudes), vous m'apprîtes que vous aviez eu la visite de dames de Châtillon, qui étaient venues à Dijon tout exprès pour se faire rajeunir,

---

(1) Nous avons également donné des soins à sa dame, qui avait été traitée comme la demoiselle par le docteur Clerton. Ces deux faits étant extrêmement remarquables, considérés, tant sous le rapport du développement de l'affection que sous celui du traitement, nous les consignerons dans notre essai.

perfectionner leur ratelier. J'admire l'exaltation dans le génie créateur ; je comprends le besoin incessant de communication ; c'est le conducteur qui répand l'électricité, que dégage une imagination volcanique dans l'enfantement d'une grande pensée, d'une pensée toute novatrice. Mais le récit d'un fait; d'une banalité courante; d'une banalité de paccotille dont on fanatise cette sotte partie du public qui sert d'estrade aux réputations du jour.

Ils sont érudits ; cela est incontestable ; ils sont docteurs ; ils sont professeurs ; conséquemment ils doivent posséder de la science et pour leur individualité, et pour leur génération progressive qui vient humer la mane que distille leur intelligente imagination.

Mais cette imagination si puissante de progression, a-t-elle donné le jour à une pensée où l'humanité un jour viendra sous ses rameaux étouffer ses douleurs. Votre cabinet, qui est destiné à être le foyer et l'écho de toute novation, a-t-il retenti de ces vérités physiologiques, pathologiques, thérapeutiques qui brillent déjà sur l'horizon de l'espérance. Vous rappelez-vous de la publication de mes pamphlets? Le public m'a-t-il désapprouvé quand je faisais planer la critique sur quelques pensées novatrices? Qu'avez-vous recueilli en assistant à ces cours aussi savants d'érudition que profonds d'originalité que professent vos honorables professeurs.

Nous admettrons pour l'instant tout ce qu'a de sincère, tout ce qu'a d'exact votre enthousiasme ; nous lui donnerons même, si vous l'exigez, tous les égards que l'on doit à l'expérience du premier dentiste de la capitale de la belle Bourgogne ; mais vous me permettrez bien (à bon droit) de la placer plus tard au foyer de l'analyse : c'est peut-être un tort ; mais jamais je n'adopte l'opinion d'autrui avant de l'avoir discutée, et discutée le plus largement que possible.

La gloire de vos chers collègues était à sa plus haute périgée; déjà le département avait été témoin de leurs bienfaits : et cependant lequel d'entr'eux s'est jeté sur la brèche? lequel d'entr'eux a refoulé l'attaque ?

Cependant c'est le balancier (expression du dentistisme) qui les pressait jusque dans leur dernière ligne de retranchement ; cependant le masque devait être arraché ; cependant la vérité devait apparaître dans tout son jour.

Le public (et il faut quelquefois, toujours même, avoir égard à ses exigeances lorsqu'il nous gratifie de sa faveur; lorsqu'il a l'obligeance, ce bon public, de nous tendre la main pour nous aider à sortir de l'ornière dans laquelle notre intelligence, guidée par notre éducation, nous place) ; ce bon public , dis-je , est de son naturel curieux : il est de son instinct d'être excitateur ; des deux parties belligérantes il se déclare la caution du faible, afin de rétablir l'équilibre dans la discussion en action. Bientôt il l'abandonne pour le ressaisir plus tard et le faire flotter encore. Mieux que moi d'ailleurs , vous connaissez toute l'excellence de son cœur; combien de fois n'avez-vous pas usé de ses bontés toutes paternelles. Docile à ses caprices , prévenant dans ses exigeances, vous avez, il faut en convenir, bien mérité les faveurs insignes dont il a embelli votre position de praticien : votre début dans la carrière; et alors vous étiez très humble d'espérance, très modeste de prétention : un hameau et ses quelques habitants, là se bornaient tous les rayons de votre sociale ambition. Quel réveil audacieux! aujourd'hui tout le département retentit de vos exploits ; la riche Côte-d'Or vient déposer ses tributs sur le canapé où mollement gît l'un des immortels numéros du journal du fameux propagateur de la divine pensée homœopathique ; d'une *saloperie*, vous en avez fait noblement l'aveu. Mais en homme éclairé , en savant qui connaissez le savoir-faire de cet intelligent bas-monde , vous vous en serviez comme l'éléphant de sa trompe, comme le castor de sa queue, comme le corse de son stylet à double tranchant. Ici je rencontre mieux, car en réalité, au siècle où nous vivons, il n'y a d'armes utiles que celles qui présentent deux tranchants.

Toute constitution sociale à l'ordre du jour représente un axe : à ses pôles sont fixés deux ordres de concitoyens toujours divergeant dans leur constitution physique comme dans leur constitution morale : l'un au teint hâve , au regard inquiet , porte l'empreinte du cachet de la sombre solitude : alimentant son imagination de ses veilles, il s'élève dans les régions de l'indépendance de toute la puissance de ses convictions ; l'autre , s'imbibant de toute la force fécondante des mamelles de la liste civile, rampe sur le terrain où le fixa le lambeau de la dépravation.

Interrogez ma pratique : vous qui vivez au sein de la société opulente, méconnaissez-vous tous les sinistres inhérents attachés aux méthodes du jour?

A la rue Jehannin, tout près du rempart qui conduit à Tivoli, est une boutique de maréchal qui a été occupée par Gerbet, mort dans d'horribles douleurs émanées d'une phlegmagie articulaire (inflammation du genou), qui pendant un an a épuisé toutes ses forces, détruit tous les ressorts de cette belle charpente athlétique que je n'ai encore remarquée que chez lui. A cette même boutique a succédé un autre maréchal : allez,

vous qui avez le cœur tant passionné de philantropie , lui rendre visite , et votre sensibilité s'affligera de la position de ce
malheureux père de famille qui , depuis un an , souffre de la
hanche, qui, depuis un an, va aux béquilles, qui, depuis un an,
voit, avec anxiété , tout le fruit de ses sueurs couler dans les
mains des pharmaciens, couler dans les mains des médecins.

Si, impatient de vous éclairer dans votre pratique chirurgicale,
vous cherchez dans de nouveaux faits de nouvelles lumières ,
vous vous présenterez chez M. P***, tailleur; et là , monsieur,
sur une mécanique orthopédique, vous verrez un petit patient
soumis à une machine à extension. Demandez au père combien
il lui a fait passer de nuits blanches : quittez un instant cette
bonne ville, cette ville où règne un sens si éclairé ; cette ville
qui rendit un témoignagne si éclatant au genie de Chaussier,
pour vous rendre à Magny-sur-Albane ; descendez chez M. Mo-
risol; et là vous y verrez encore une affection de l'articulation
semblable à celle du fils P***, semblable à celle du maréchal.
Explorez les agents thérapeutiques employés chez ces trois malades, et vous y trouverez toujours le stupide procédé d'une application locodolenti avec écoulement ultérieur, comme chez
M. G***, comme chez une femme decette même rue Jehannin.

L'intérêt que vous portez à votre espèce m'engage à vous
prier de diriger vos pas chez la femme Grand, hydropique depuis six mois, et, d'après son médecin, enceinte depuis quinze.

Dès que votre imagination progressive aura permis à l'ouvrier
d'acquérir un ratelier masticateur, au-dessous de la modique
somme de cent écus , et que vous en doterez l'attention de vos
philantropes collègues , soumettez la composition de votre génie aux presses de l'imprimerie : et la place d'armes sera pour
vous, M. le chirurgien-dentiste, une occasion d'apprécier tout
le sorcilège de l'art médical. Mais hâtez-vous : déjà le trident
de l'art a saisi la victime ; déjà le grand prêtre orne son front
de bandelettes ; mais écoutez ces convulsions horribles qui
brisent le tissu du centre ventriculo-coartique (cœur); mais
voyez quelle agitation tourmente les membres pelpitants de
cette aimable petite fille, de ce gentil enfant. Palpez de vos regards ces regards foudroyants ; c'est l'étincelle du désespoir ;
c'est le sarcasme de la douleur expirante qui lance ses tonnerres
sur l'imprudent qui pendant trois mois traîna cet enfant dans
les dédales de l'espérance. L'effroi dans le cœur, vous quitterez
l'appartement, et, le lendemain, excité d'impatience, vous vous
rendrez à cette chambre qui a tant de fois retenti de cris plain-
tifs. Qu'apercevrez-vous, hélas ! dans ce lit de douleurs ? un

cadavre ! Que fut, M. le chirurgien-dentiste, cet être avant d'être cadavre ? Homme de l'art, répondez par les mystères de l'art (1).

Vous êtes chef de famille : une femme et deux demoiselles appellent tout ce qu'il y a de tendresse dans votre sollicitude paternelle et maritale. Votre dame a été conduite à Paris, auprès des oracles de l'art. Quelle heureuse modification a été apportée à sa constitution ? Comme le praticien cousultant l'un des arrondissements Dijonnais, vous vous abandonnez à des erreurs qui ne sont point rassurantes pour l'espèce.

L'opinion Dijonnaise est une folle qui tantôt obéit au flux, tantôt au reflux, selon les hommes qui la dominent. Narguant la camarilla, quelle qu'elle soit, je suivrai constamment la marche que mes convictions politiques, comme mes convictions médicales m'ont tracée ; si j'ai tenu la ligne de l'agression, c'est que j'ai cru mes idées supérieures à tout ce qui a paru en médecine aux diversages du monde : luttant et luttant avec énergie et sans relâche, il m'a fallu posséder un courage que l'on n'a pas su apprécier à Dijon, et que des hommes d'intelligence auraient dû respecter assez pour ne pas l'attaquer par leur calomnie.

* Comment M. Lépine qui a dû lire nos pamphlets ; comment M. Lépine qui a eu entre les mains un de nos ouvrages où se trouvent exposés les principes de notre méthode ; comment M. Lépine qui sait que Mlle B**** (Mathilde), a eu des palpitations (inflammations du cœur), dont elle a été parfaitement guérie par nous ; comment M. Lépine, qui sait que Mme Brugnot, dans deux graves affections traitées par un de nos collègues, et conduites par le traitement à leur dernier période, a été parfaitement guérie par nous, a-t-il été assez imprudent pour répondre à la confiance de cette dame sans nous consulter ?

Erreur dans le diagnostic, erreur dans le traitement. Voilà ce qu'il fallait constater: et qui a été constaté par nous, qui d'ailleurs n'avons donné aucun conseil quoiqu'en étant prié ; erreur dans le diagnostic ; vous avez défini l'affection : gastrite. Quels sont les phénomènes morbidres qui s'élèvent des plans musculo-muqueux de l'appareil gastrique vivant sous l'influence des lois morbides? Le point pylorique, le balonnement épigastrique, tantôt l'extinction, tantôt la dépravation de l'appétit, la constipation. Je ne parle point des phénomènes nés des déversements par auscultation, des pôles conséquents viscéraux; et pour le pôle médian correspondant; la lividité de la peau, le plissement par contraction des tissus constituant cet appareil, l'extinction de sa fonction.

Eh bien! collègue, avez-vous observé ce faisceau de phénomènes ?

Je crois que vous avez eu tort de ne pas explorer avec plus d'attention la poitrine ; là était le germe des désordres ; là était le centre des attractions morbides.

Comment les patriotes éclairés n'ont-ils pas fait, pour échapper à l'erreur, une enquête comme tout citoyen doit le faire, sur la nature de mes travaux et surtout sur ma conduite médicale envers la classe ouvrière avec laquelle ils ont établi des sympathies toutes ardentes de patriotisme? Cette investigation leur aurait permis de vérifier toutes les impudiques calomnies que le peuple médical a pu diriger contre l'auteur de la théorie des attractions et répulsions vitales. On m'a reproché mes personnalités; et comment peut-on stygmatiser une infamie locale, si on ne la personnifie? Les hommes d'État du Charivari, quand ils veulent attaquer un ministre, font-ils irruption sur tous?

D. BLAGNY,

Rue St.-Martin, 277, à Paris.

Imprimerie de X.-T. Saunié à Auxonne.

Lors de l'organisation du cercle, des attaques ont été dirigées par les antagonistes de vos opinions ; et c'est parce que j'ai toujours pensé qu'il fallait attaquer les ennemis de nos croyances de front, que j'ai cru devoir répondre aux insinuations malveillantes dirigées d'une manière indirecte contre des opinions que je professe sous le voile de l'anonyme, dans les journaux.

RÉPONSE A LA LETTRE DE M. VALLÉE, FILS.

Monsieur le rédacteur Carion.

Lorsque je me proposais de donner de la publicité à ma méthode, je vins, confiant dans votre patriotisme, vous prier d'ouvrir vos colonnes aux résultats de mes recherches. Les discussions aussi indécentes que futiles auxquelles s'étaient abandonnés quelques médecins, dans les temps antérieurs, furent les motifs sur lesquels vous basâtes votre refus.

L'article signé V. fils, docteur médecin, portera vos lecteurs à penser que vous avez modifié votre résolution ; en effet, l'auteur qui m'a blâmé hautement au cercle d'avoir inséré dans un journal politique et littéraire des articles de médecine, ne dédaigne point aujourd'hui cette voie pour faire connaître à ses compatriotes ses réflexions philosophiques, relativement aux conseils de discipline, tant il est vrai que M. Vallée, fils, n'a pas des principes inamovibles, faisant abstraction de cette oscillation d'opinions qui n'est pas d'ailleurs, dans le siècle où nous vivons, un caractère d'individualité (1). Nous demanderons à M. Vallée s'il est bien d'accord avec sa conduite, lorsqu'il s'exprime ainsi : « Je reconnais avec tous les médecins jaloux de la dignité (2) de leur profession, qu'il existe des abus criants dans la médecine. » Quand un médecin comprend la dignité de sa profession, il consacre tous ses efforts à la dégager des langes

---

(1) M. Vallée, dans un des nobles élans de son courroux médical, a reproché à notre plume son impolitesse, sa vulgarité ; vulgaire ! impoli ! nous qui n'avons pas exploité le parquet ; cela est possible, cela est même permis : aussi nous nous garderons bien d'entrer en lice avec le docteur qui a fait des progrès si rapides en civilisation, toutes fois qu'il s'agira d'amabilité. La supériorité de la pensée, voilà notre prérogative.

(2) Je n'ai pas plus de confiance à la dignité médicale de notre bonne ville de Dijon qu'à la royale providence des potentats.

d'un dégoûtant charlatanisme; il éveille l'attention publique
sur les intrigants pétitionnaires qui pavent l'avenue du pouvoir;
il marque du cachet de la réprobation publique ces jeunes médecins pour qui rien n'est sacré, pas même les cendres d'un
praticien dont ils ont aggravé les douleurs par leurs turpides
préceptes. La main sur la conscience, il proclame hautement
l'originalité, la supériorité d'une méthode dont il a été témoir
de l'heureuse application; il évite la poignée de main du confrère, qu'il considère comme un traître, comme un homme d'un
grand savoir-faire, sans conviction d'ailleurs; il livre à la vindicte publique sa volonté immuable; enfin, de sa cité il est
le citoyen.

Oui, M. V. fils, docteur médecin, il existe des abus criants,
disons mieux, révoltans, qui dans l'exercice dégradent la science,
en font un objet de lucre pour ces hommes égoïstes qui, à la révolution de juillet, foulant les droits acquis, sont arrivés au grade
de capitaine, ont accaparé les galons. Quel dévoûment intellec-
tuel et physique a promu M. le docteur Vallée au grade de capitaine? Docteurs Clerton et Pâris, vous aviez bien mérité de la
patrie reconnaissante, lorsque vous reçûtes les galons de chirurgien-major !

Quelle est cette anarchie dont vous entretenez vos lecteurs,
autrefois du mouvement, aujourd'hui de la résistance, parce
que votre clientelle, dont vos opinions sont le relief, a jugé con-
forme à ses intérêts d'adopter le *statu quo* politique. Vous considérez comme anarchiste médical l'homme qui a révélé au
monde les sublimes lois de l'équilibre; en cela, vous êtes dans
l'erreur; l'anarchiste est l'homme de la résistance; l'anarchiste
est l'homme à horizon raccourci qui frémit de désespoir au nom
de découverte, de pensée généreuse; l'anarchiste, en un mot,
est l'un des fléaux de toute société qui tend à la progression.
La robe doctorale, dites-vous, sert d'égide au charlatanisme. Il
est vrai qu'il est des hommes qui se sont groupés pour exploiter
l'humanité; il est vrai qu'il est des hommes intrigants, des
hommes parasites qui se glissent dans toutes les réunions pour
les monopoliser; il est vrai qu'il existe une Camarilla hybride
(politico-médicale) ombrageuse qui a fixé son avenir aux destinées carlo-philippistes. Mais il est également vrai qu'il est des
hommes à élans généreux qui, s'écartant de la sale ornière de
l'égoïsme, ne dédaignent point d'offrir à l'indigence les progrès
d'un art qui trop longtemps exerça ses ravages sur de nombreuses familles qui déplorent encore la mort de leur chef; mais
il est également vrai qu'il est des hommes courageux qui, s'é-
tant élancés sur la voie de la réforme, méprisent les écrivains

sans conviction, qui fourmillent dans ce siècle d'envahisse-
ment.

D. BLAGNY.

Dans l'instant je lis au cloaque des impertinences politiques et médicales un article tout dégoûtant de calomnie contre un parti trop fier de sa haute mission pour descendre à se justifier envers les partisans des monarchies ensanglantées ; de ces monarchies qui, de déception en déception, ont compromis l'existence des peuples, détruit l'avenir des générations. C'est à vous, hommes incertains, vous qui flottez entre le pavillon des libertés publiques, et l'antique vaisseau des roueries politiques, que nous devons une profession de foi. Comme notre pensée, nous vous la donnerons vierge de ses souillures qui impriment le cachet de l'opprobre sur le front de nos contradicteurs. Juger les hommes, c'est les comparer; comparer les hommes en morale publique, c'est établir le parallèle de leurs vertus civiques. Ainsi considérés, que sont les hommes du *Spectateur* ? ces hommes qui, depuis trois ans, abreuvent leur plume du fiel de la médisance? Des carlistes sous le roi bien-aimé, des philippistes sous le roi-citoyen, des libéraux sous le gouvernement constitutionnel, des hommes sans conviction, qui se cramponnent au budjet de tous les gouvernements corrupteurs. Qui a excité, qui a fomenté les tourmentes affreuses qui ont ébranlé jusque dans ses fondements cet édifice social que trente siècles de puissants efforts élevèrent à l'admiration des générations? La police du géant de la Newa.

Qui s'est déclaré l'apologiste de la liste civile, des fonds secrets, de ces traitements autocratiques, qui excèdent ceux du président des Etats-Unis, de l'inaction d'une armée sur le pied de guerre, qui enraie l'agriculture, ronge l'état ; du cumulard des bastilles, des odieux impôts indirects, des soixante mille gendarmes, de lâches courtisans, d'impudiques intrigants, qui, à la chute du boulevard des libertés, de cette ville héroïque (Varsovie), de cette ville toute sanglante de carnage, ont, au banquet des serviles, porté un toast à la servitude des peuples? Mais saisissons corps à corps la légitimité.

Quel dévoûment à la patrie, quelle découverte, docteur Salgues, vous a élevé au titre de médecin de l'hôpital, de membre du conseil sanitaire, de professeur, etc., etc.? La générosité de vos traitements. En effet, tout doit se balancer, tout doit s'équilibrer sur cette terre où l'on rend un hommage si éclatant aux pensées philantropiques, aux découvertes utiles à l'humanité. Quelle modestie de talent! quelle générosité! que d'égards ne vous doit point cette famille éplorée, qui, confiante dans cette haute réputation que vous avez si impudemment acquise par votre intrigue, s'est empressée de consulter ce grand praticien qui depuis dix ans s'arroge le droit de confirmer ses roueries médicales, qui infecte le domaine de la science. Dix louis pour tant de bienfaits! D'honneur, docteur Salgues, votre générosité vous conduira au mont-de-piété.

Combien les dîners offerts à M. l'officier de santé de l'arrondissement... vous produisent-ils de voyages à Ruffey, à Saint-Julien, à Brognon, etc., etc.; et ce pacte odieux, avec combien d'officiers de santé l'avez-vous établi? Les héritiers de M. Martenne, de Marandeuil, n'auraient-ils pas payé le vin pétillant; ceux de M.***, le magnifique brochet; ceux de M***, le divin nectar avec lequel le docteur Mercier, et tous les confrères qui assistent à la curée ont porté un toast aux funérailles de l'équilibre?

Il est juste, il est sincère, il est philantrope ce praticien flagorneur qui, de poignées en poignées de mains, a établi la chaîne sur laquelle, de bonds en bonds, s'est élancée la réputation de M. Salgues; il est juste, il est équitable, il est sincère ce praticien flagorneur qui disait au beau-père d'un jeune médecin : «Foi d'honneur d'un praticicien parisien, il ne manque qu'une seule chose à votre gendre, c'est d'être un peu charlatan.» Il est juste, il est équitable, il est philantrope, il est sincère ce praticien qui, fuyant devant le choléra, nous signalait aux arrondissements de Pontailler et Mirebeau comme un charlatan qui est à la piste de tous les malades. Il est juste, équitable, il est sincère, il est savant expert dans son art ce praticien qui se préparait à établir un séton sur le ventre de quatre dames que M. le docteur a accouchées. Il est juste, il est équitable, il est expert, il possède le génie de son art, l'immortel auteur des notes hygiéniques, de ces notes qui, selon l'auteur, forment le dernier complément des leçons du Réformateur sur le choléra.

L'ami de l'humanité, l'homme de son pays méprise les attaques dirigées contre son personnel; mais quand, au mépris des nations, les partisans du pouvoir absolu attaquent sur la brèche de la tyrannie, protégés par les griffes des sbires, les droits des peuples, celui-là qui supporte l'insulte, celui-là qui ne vole point sur le terrain de l'indépendance, pour les protéger, est un lâche, est un traître qui déjà a signé son exil.

Oui, serviles légitimistes, nous démasquerons les batteries que protège l'égide de la sainte-alliance! oui, serviles légitimistes, nous briserons les poignards ensanglantés avec lesquels vous voulez percer le cœur de la nation! oui, serviles légitimistes, nous tournerons contre les traîtres les baïonnettes qui sont destinées à renverser ce que le vandalisme du nord n'a osé attaquer. Oui, serviles légitimistes, nous soutiendrons l'honneur national contre les entreprises de ces monstres qui ont désolé leur patrie.

D. B.

—

PROPOSITION.

Le libéralisme fut honoré dans tous les temps; chez tous les peuples les bienfaiteurs de l'humanité furent déifiés; le sabisme, plus tard le spiritualisme naquirent de l'admiration des peuples pour leur libérateur. Dans ces temps de calamités publiques qui menacent l'aurore de la liberté, nous devons porter avec reconnaissance nos regards vers la mémoire de ces hommes à cœur brûlant, à âme élevée, qui s'élancèrent, tout rayonnants d'espérances, dans la carrière des sacrifices. O Dulong! lorsque la balle t'atteignit, dis-nous de combien de sympathies populaires tu étais embrâsé; redis-nous tes mépris, redis-nous ta haine pour ces hommes lâches qui ont encensé et encensent encore l'autel du polythéisme. Oui, citoyens, le temps est arrivé de suivre l'exemple mémorable des grands défenseurs des libertés publiques, de ces astres brillants qui sont nés pour éclairer les peuples qui marchent sur la voie de l'indépendance. Malheur, mille fois malheur à l'intrigant dont l'âme vile est dévorée par le vautour de l'égoïsme! malheur à ces hommes qui n'ont de dieux que ceux de leur foyer! Malheur, en un mot, à tous ces hommes qui se liguent pour enchaîner le développement de tout ce qu'il y a de plus grand, de généreux, de sublime sur la terre!

Ici je m'arrête, et devant ce spectacle imposant d'hommes libres je viens déposer l'expression d'une pensée qui éveillera dans l'âme des républicains de nobles sentiments.

On ne doit et on ne peut se le dissimuler; la France est partagée en trois camps : celui du mouvement rétrograde (les carlistes), celui du *statu quo* (les philippistes), celui du mouvement en avant (les républicains). Vous savez aussi bien que moi de quels sentiments ils sont animés les uns et les autres; mais ce qui n'a pas assez frappé votre attention, ce sont les conséquences d'une dissidence politique pour la classe ouvrière.

Je vous disais donc que les hommes, considérés sous le rapport politique se divisent en trois classes. Eh bien ! de cette trisection, celle qui doit nous occuper exclusivement, nous républicains, c'est celle qui tend à la progression.

Froissée dans ses intérêts par les partis opposés, la classe républicaine mérite toute notre sollicitude ; c'est vers elle que tous nos efforts doivent converger ; c'est elle, enfin, qu'il est temps d'envisager sous le double rapport de l'amélioration morale et physique.

D. BLAGNY.

SOUSCRIPTION EN FAVEUR D'UN EXILÉ POLONAIS.

Un jeune Polonais, confiant dans vos nobles simpathies après le désastre de Varsovie, avait abordé le sol français. Le ministère ombrageux saisit cette victime du tyran de la Newa, l'incorpora dans la légion étrangère. Arrivé à Alger, il fut envoyé pour protéger les frontières contre les excursions des Bédouins. Renversé, foulé, mutilé par les pieds des chevaux, il fut du champ de bataille transporté dans l'un des hôpitaux, d'où il fut extrait à quatre heures du matin ; quelle infamie ! c'est-à-dire pendant la nuit, avec injonction de se rendre, en suivant l'itinéraire de sa feuille de route, dans ses foyers ; c'est-à-dire dans les griffes des sbires, c'est-à-dire aux steppes sybériques..

Un secours, ah ! de grâce, encore un secours pour l'homme qui a perdu jusqu'à l'espoir de revoir ce qui fit tant de fois palpiter votre cœur, battre votre âme de ces douces émotions que l'on ne retrouve qu'au sein de la patrie ! Qu'elle est affreuse, qu'elle est déchirante cette cruelle idée qui revient à chaque réveil de la pensée tourmenter ces malheureux proscrits, dont l'avenir vous fut confié par les martyrs des saintes Journées de Juillet !

Qu'un jour la postérité ne dise point à vos descendants : Les Polonais, comme les Français, ont combattu sur la brèche de la liberté ; les Polonais, trahis, ont en vain réclamé, sur le sol de la fraternité, le pain de l'hospitalité.

Confiant dans cet élan généreux que le malheur inspira toujours, je viens ouvrir une souscription en faveur du compatriote de Kosciusko.

D. BLAGNY.

Imprimerie de X.-T. Saunié, à Auxonne.